▲ 项目1　神奇的扑克牌

▲ 项目2　彩色的圆球

▲ 基础项目3　神秘星际

▲ 项目 4　偷天换日

▲ 项目5　有能量的咖啡

▲ 项目6　精彩瞬间

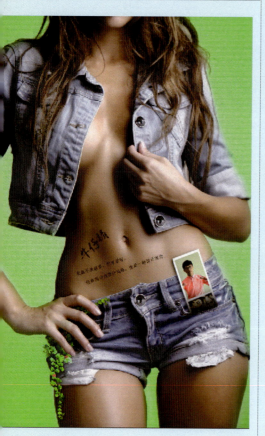

▲ 项目8　图像合成的秘密

▲ 项目7　数码照片蝶变

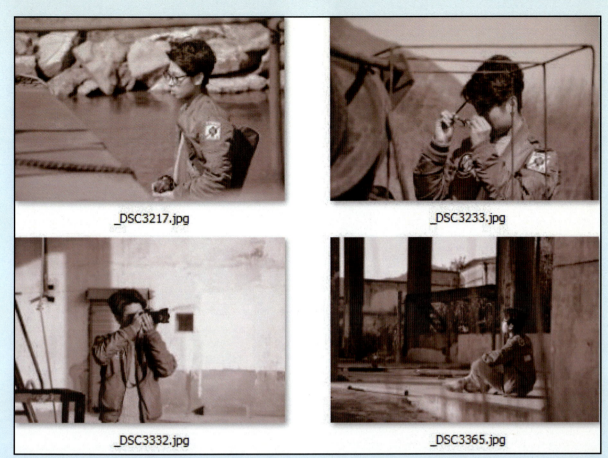

▲ 项目9　图像的批处理

▲ 项目10　海报设计

▲ 项目11　UI设计

▲ 项目12 彩平设计

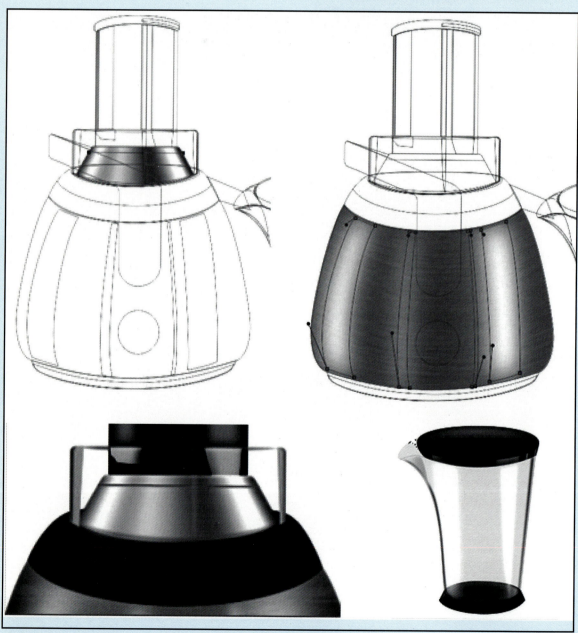

▲ 项目13 产品设计

普通高等职业教育计算机系列规划教材

Photoshop CC
平面设计项目教程

姚争儿　沈才樑　主　编
王　雪　韩越祥　赵　军　副主编

电子工业出版社
Publishing House of Electronics Industry
北京·BEIJING

内 容 简 介

本书以"企业项目"为主线，完成"工作任务"为教学目标。全书共分为两篇，即基础篇和深入篇。基础篇部分内容涵盖 Photoshop CC 的基础知识和基本操作、应用图层、创建与编辑选区、路径、图像的变形与变换、调整数码照片色彩与色调、蒙版与通道、滤镜和动作等；深入篇部分内容涵盖海报设计、UI 设计、彩平设计、产品设计及材质表现，以及产品展板设计、手机界面图标设计、手机 APP 界面设计、网站页面设计和 UI 设计等。

本书设计案例效果精美、解析详尽，同时辅以设计理论相关知识，注重技术与艺术的统一。不仅可以作为高等院校设计课程的教材，也可以供从事 Photoshop CC 广告设计、平面创意、彩平设计、数码照片处理和 UI 设计的人员自学和参考。

未经许可，不得以任何方式复制或抄袭本书之部分或全部内容。
版权所有，侵权必究。

图书在版编目（CIP）数据

Photoshop CC 平面设计项目教程 / 姚争儿，沈才樑主编. —北京：电子工业出版社，2016.8
普通高等职业教育计算机系列规划教材
ISBN 978-7-121-29301-6

Ⅰ.①P… Ⅱ.①姚… ②沈… Ⅲ.①平面设计—图象处理软件—高等职业教育—教材 Ⅳ.①TP391.41

中国版本图书馆 CIP 数据核字（2016）第 153404 号

策划编辑：徐建军（xujj@phei.com.cn）
责任编辑：郝黎明
印　　刷：北京虎彩文化传播有限公司
装　　订：北京虎彩文化传播有限公司
出版发行：电子工业出版社
　　　　　北京市海淀区万寿路 173 信箱　邮编　100036
开　　本：787×1 092　1/16　印张：16.5　字数：422.4 千字　彩插：3
版　　次：2016 年 8 月第 1 版
印　　次：2018 年 6 月第 2 次印刷
定　　价：38.00 元

凡所购买电子工业出版社图书有缺损问题，请向购买书店调换。若书店售缺，请与本社发行部联系，联系及邮购电话：(010) 88254888，88258888。
质量投诉请发邮件至 zlts@phei.com.cn，盗版侵权举报请发邮件至 dbqq@phei.com.cn。
本书咨询联系方式：(010) 88254570。

前　言

Photoshop CC 是 Adobe 公司旗下最为有名的图像处理软件之一，它功能强大、使用广泛。在现代化设计领域中，无论有多好的创意和美术功底仅凭在纸上手绘图像，都远远不能满足设计的需求，只有通过在图像处理软件中制作图像作品才能提高工作效率。Photoshop CC 软件正是这样一款高效率、满足设计需求的图像处理软件，因此深受广大用户的喜爱。

本书定位于 Photoshop CC 的初学者，从一个图像处理初学者的角度出发，合理安排基础项目部分的内容且包含的课程内容结构清晰，重要的知识点在不同的项目中不断地深入，让初学者在学习中更能掌握知识要点和操作技能，使初学者在最短的时间内、在趣味的项目中学会使用 Photoshop CC，进而有选择地学习深入部分的项目从而得到提高。

本书基础篇部分是编者根据 Photoshop CC 教学经验及教学资料整理而成，深入篇部分则是结合前沿设计流行手法与公司实战项目综合而成，由浅入深，理论与实战相结合，以帮助用户更好、更有效地学习 Photoshop CC。在本书编写过程中，编者对各项目内容做了合理规划和精心组织，重点难点突出，有较强的针对性和使用性。

本书由浙江工业职业技术学院的骨干教师组织编写，由姚争儿、沈才樑担任主编，由王雪、韩越祥、赵军担任副主编，沈才樑教授为本书构建了框架并明确了编写思路。其中，项目1～项目9由姚争儿编写，项目10由何恬编写，项目11由梁永幸、王雪和袁琳编写，项目12由茅舒青、韩越祥编写，项目13由周丽先、赵军编写。

为了方便教师教学，本书配有电子教学课件及相关资源，请有此需要的教师登录华信教育资源网（www.hxedu.com.cn）注册后免费进行下载，如有问题可在网站留言板留言或与电子工业出版社联系（E-mail:hxedu@phei.com.cn）。

本书是编者在总结多年教学经验及工作经验的基础上编写而成的，编者在探索教材建设方面做了许多努力，也对书稿进行了多次审校，但由于编写时间及水平有限，难免存在一些疏漏和不足。希望同行专家和读者能给予批评指正。

编　者

目　录

基　础　篇

项目1　神奇的扑克牌 ··· 3
  1.1　移动工具的使用 ·· 3
  1.2　图层的编辑 ··· 5
  1.3　画笔工具添加阴影 ·· 5
  1.4　背景的加入 ··· 6
  1.5　Photoshop CC 相关知识 ··· 7
    1.5.1　Photoshop CC 界面详解 ··· 7
    1.5.2　图层的认识 ··· 13
    1.5.3　图层的操作 ··· 15
  思考与练习 ·· 18

项目2　彩色的圆球 ··· 19
  2.1　渐变工具制作背景 ··· 19
  2.2　椭圆选框工具建立选区 ··· 21
  2.3　图层的复制与命名 ··· 22
  2.4　羽化的选区做投影 ··· 24
  2.5　图层的链接 ·· 25
  2.6　Photoshop CC 相关知识 ·· 27
    2.6.1　选区的认识 ··· 27
    2.6.2　建立选区的方式 ··· 28
    2.6.3　选区的运算 ··· 31
    2.6.4　选区的修改 ··· 32
    2.6.5　选区的保存 ··· 33
  思考与练习 ·· 34

项目3　神秘星际 ··· 35
  3.1　图像的变形 ·· 35
  3.2　调整边缘优化选区 ··· 40
  3.3　与背景的融合 ·· 41

3.4 Photoshop CC 相关知识 ··· 42
思考与练习 ·· 44

项目 4　偷天换日 ·· 45

4.1 文化校园 ··· 45
  4.1.1 多边形套索工具建立选区 ·· 45
  4.1.2 图像的透视 ··· 47
  4.1.3 图层样式之内阴影 ··· 48
4.2 天变 ·· 49
4.3 动物的语言 ·· 50
  4.3.1 快速选择工具建立选区 ··· 50
  4.3.2 快速蒙版模式编辑选区 ··· 50
  4.3.3 仿制图章工具修复树枝 ··· 52
4.4 小径通幽 ··· 54
  4.4.1 钢笔工具建立路径 ··· 54
  4.4.2 路径转换为选区 ·· 55
4.5 Photoshop CC 相关知识 ··· 56
  4.5.1 快速蒙版 ·· 56
  4.5.2 认识路径 ·· 59
  4.5.3 钢笔工具 ·· 59
思考与练习 ·· 62

项目 5　有能量的咖啡 ·· 63

5.1 路径的运算建立咖啡杯路径 ··· 64
5.2 用渐变工具融合图层 ·· 65
5.3 画笔工具绘制烟雾 ··· 66
5.4 运动剪影扭曲与变形 ·· 67
5.5 Photoshop CC 相关知识 ··· 68
思考与练习 ·· 73

项目 6　精彩瞬间 ·· 74

6.1 改变图像画布大小 ··· 75
6.2 渐变图层修改天空和沙滩 ·· 75
6.3 矩形工具绘制建筑物远景 ·· 76
6.4 魔术橡皮擦抠取海鸥 ·· 78
6.5 盖印图层到手机屏幕 ·· 78
6.6 Photoshop CC 相关知识 ··· 79
  6.6.1 路径的基本操作 ·· 79
  6.6.2 创建文字的工具 ·· 85
思考与练习 ·· 87

项目 7　数码照片蝶变 ··· 88

7.1　风景照片色彩处理 ·· 89
- 7.1.1　色阶命令初步调整 ·· 89
- 7.1.2　曲线命令深度调整 ·· 89
- 7.1.3　调整图层调整图像 ·· 90
- 7.1.4　调整色偏图像 ··· 93

7.2　图像修复 ·· 95

7.3　人像美肤 ·· 97
- 7.3.1　使用修复画笔修复皮肤 ··· 97
- 7.3.2　使用裁剪工具裁剪图像 ··· 98
- 7.3.3　证件照片处理 ··· 98

7.4　杂志封面人物处理 ··· 100
- 7.4.1　对人像美肤处理 ·· 100
- 7.4.2　抠取人像 ··· 101
- 7.4.3　杂志封面合成 ··· 102

7.5　Photoshop CC 相关知识 ··· 105
- 7.5.1　快速调整图像色彩命令 ··· 105
- 7.5.2　调整颜色与色调命令 ··· 109
- 7.5.3　匹配/替换/混合颜色命令 ··· 114
- 7.5.4　调整特殊色调 ··· 118

思考与练习 ·· 119

项目 8　图像合成的秘密 ··· 120

8.1　利用蒙版图层和图层模式抠图 ·· 121
8.2　利用图层样式为背景增加纹理 ·· 122
8.3　建立矢量蒙版 ·· 123
8.4　利用加深工具添加层次 ·· 124
8.5　利用画笔工具添加层次 ·· 126
8.6　Photoshop CC 相关知识 ··· 127
- 8.6.1　通道 ·· 127
- 8.6.2　蒙版 ·· 129

思考与练习 ·· 134

项目 9　图像的批处理 ··· 135

9.1　动作录制 ·· 135
9.2　动作的批处理 ·· 139
9.3　Photoshop CC 相关知识 ··· 141
- 9.3.1　动作 ·· 141
- 9.3.2　认识动作面板 ··· 141

思考与练习 ·· 142

深 入 篇

项目 10 海报设计 ········· 145
10.1 音乐海报设计 ········· 145
10.1.1 背景合成 ········· 145
10.1.2 主体物合成 ········· 146
10.1.3 调整画面气氛 ········· 147
10.2 招贴设计 ········· 149
10.2.1 招贴背景设计 ········· 149
10.2.2 标题文字设计 ········· 150
10.2.3 素材拼接 ········· 152
10.2.4 丰富细节 ········· 155

项目 11 UI 设计 ········· 158
11.1 手机界面元素设计 ········· 158
11.1.1 手机锁屏界面制作 ········· 158
11.1.2 手机界面风格 ········· 162
11.2 手机 APP 界面设计 ········· 163
11.2.1 手机 APP 图标设计 ········· 163
11.2.2 手机 APP 启动页面设计 ········· 166
11.2.3 首页界面设计 ········· 171
11.2.4 登录页面设计 ········· 177
11.3 网站页面设计 ········· 181
11.3.1 网站 LOGO 设计 ········· 181
11.3.2 网站版式设计 ········· 181
11.3.3 网站首页设计 ········· 183
11.3.4 网页设计中的常见版式 ········· 190

项目 12 彩平设计 ········· 195
12.1 室内彩色平面效果图制作 ········· 195
12.1.1 图纸导入 ········· 196
12.1.2 分图层绘制 ········· 197
12.1.3 整体效果调整 ········· 212
12.1.4 输出保存 ········· 214
12.2 小区景观彩色平面图制作 ········· 215
12.2.1 CAD 线稿整理，分离图线 ········· 216
12.2.2 小区绿地、外围绿地绘制 ········· 216
12.2.3 建筑及建筑阴影绘制 ········· 218
12.2.4 城市干道的绘制 ········· 218

	12.2.5	水体的绘制 219
	12.2.6	道路铺装、景观石的绘制 219
	12.2.7	亭子、树池及阴影的绘制 220
	12.2.8	乔木、灌木及阴影的绘制 220
	12.2.9	整体效果调整及输出保存 221

项目 13　产品设计 222

13.1　产品造型设计平面制作 222
- 13.1.1　设计草图表现 222
- 13.1.2　产品外形描绘 222
- 13.1.3　高光表现区域绘制 224

13.2　产品材质效果表现 225
- 13.2.1　金属质感表现 226
- 13.2.2　不透明塑料质感表现 233
- 13.2.3　透明塑料质感表现 243
- 13.2.4　投影效果表现 246

13.3　提案展板设计制作 248
- 13.3.1　展板版式设计 248
- 13.3.2　产品辅助表现 249

附录 A　Photoshop CC 常用快捷键 250

附录 B　常用的学习网站 253

参考文献 254

基础篇

- ◆ 项目1　神奇的扑克牌
- ◆ 项目2　彩色的圆球
- ◆ 项目3　神秘星际
- ◆ 项目4　偷天换日
- ◆ 项目5　有能量的咖啡
- ◆ 项目6　精彩瞬间
- ◆ 项目7　数码照片蝶变
- ◆ 项目8　图像合成的秘密
- ◆ 项目9　图像的批处理

项目 1

神奇的扑克牌

通过扑克牌的前后顺序的变换来理解 Photoshop CC 的图层顺序及图层面板的作用,通过本项目的学习,掌握图层分层的重要性,以及图层的一些基本操作,如图层顺序的移动、图层的新建与删除、图层对象的移动与旋转。在本项目中,提到 3 个工具的初步使用,移动工具、画笔工具及渐变工具。

能力目标:

- 理解图层的作用。
- 掌握图层的基本操作,改变图层顺序达到特殊效果。
- 掌握移动工具的使用,利用该工具选择图层上的对象并移动。
- 初步掌握画笔工具及渐变工具。

1.1 移动工具的使用

(1)启动 Photoshop CC,执行"文件→打开"命令,从素材中选取"扑克牌.psd"文件,选择工具箱中的移动工具,打开图层面板(默认情况下图层面板已经打开,如果图层面板关闭则执行"窗口→图层"命令),单击每一个图层,双击图层名称后把每一个图层命名为相应的扑克牌数字,如图 1-1 所示。

(2)调整各个图层的顺序,从顶层到底层依次为"扑克 A"、"扑克 2"、"扑克 9"、"扑克 K",移动后的效果如图 1-2 所示。然后保存文件并命名为"重新排列扑克牌.psd"。

图 1-1　图层面板

图 1-2　调整顺序后的效果

（3）在移动工具的属性栏中  选中"自动选择"复选框，在其后边的列表框中选择"图层"选项，并在画布上移动扑克牌，拖出自己想要的错落有致的效果。选中"显示变换控件"复选框，单击"扑克 A"图层，当鼠标指针在定界框的对角上变成弧线形状时，对"扑克 A"进行旋转，如图 1-3 所示，调整到合适的角度后在移动工具的属性栏上方单击 ✓ 图标进行确认，或者按 Enter 键进行确认。如果操作有误或对效果不满意可单击移动工具属性栏中的 ⊘ 图标，撤销操作，重新调整；用相同的操作对其他的扑克牌角度进行调整。

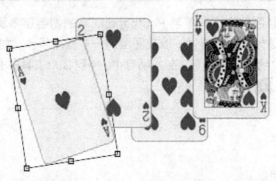

图 1-3　对"扑克 A"进行旋转

（4）调整角度后的效果如图 1-4 所示，如果不需要显示变换控件，可以取消选中属性栏中的"显示变换控件"复选框。

图 1-4　旋转后的效果

（5）这一步操作要在两个扑克牌之间添加阴影。先载入"扑克 A"的选区，按住 Ctrl 键，单击图层面板上"扑克 A"的图层缩略图,在画布上可以看到"扑克 A"图层上有蚁行线出现,这称为"扑克 A"的选区,如图 1-5 所示。

图 1-5　选区的载入

(6)选区的作用是限制图层的操作范围,既然是"扑克 A"的投影,该投影应该在这个蚁行线以外,所以执行"选择→反选"命令或者按 Ctrl+Shift+I 组合键,将选区反选。

1.2　图层的编辑

回到图层面板,在右下角单击 图标新建一个图层并命名为"A 的投影",然后把该图层拖到"扑克 A"图层的下面,如图 1-6 所示。

1.3　画笔工具添加阴影

图 1-6　新建"A 的投影"图层

(1)在反选的区域上,利用画笔工具 ,设置前景色为黑色,轻轻的在"扑克 A"图层的下方涂抹出它的投影。如果画笔太浓,可以在画笔的属性栏中设置画笔的大小、不透明度及流量,如图 1-7 所示。

图 1-7　画笔工具属性栏

取消反选,得到"扑克 A"图层在"扑克 2"图层上的投影,如图 1-8 所示。如果投影太明显,可以设置"A 的投影"图层的不透明度,调整数值直到满意为止,如图 1-9 所示。

图 1-8　加入投影

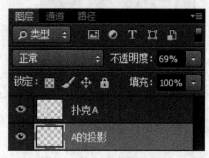

图 1-9　"A 的投影"图层

（2）相同的方法，在"扑克2"图层的下面建立一个新的图层"2的投影"，载入图层"扑克2"的选区后反选，在"2的投影"图层上绘制阴影，最后的图层面板如图1-10所示。扑克牌的投影效果如图1-11所示。

图1-10　加入投影后图层面板

图1-11　扑克牌的投影效果

1.4　背景的加入

（1）执行"文件→打开"命令，打开素材中的"魔术师.jpg"文件，执行"选择→全部"命令后，再执行"编辑→拷贝"命令，回到刚才的扑克牌文件，执行"编辑→粘贴"命令，把魔术师图像复制到扑克牌的上层并命名为"图层4"，在图层面板中拖动"图层4"图层到背景层的上方，如图1-12所示，效果如图1-13所示。

图1-12　加入背景后的图层顺序

图1-13　加入背景的显示效果

（2）为了使整个图像融合且具有神秘感，在图层面板上建立一个新的图层并命名为"黑色半透明"，选择工具栏中的渐变工具，在其属性栏中单击"径向渐变"按钮，并且设置渐变编辑器的颜色为从透明色到黑色的渐变，鼠标从画面的中心向外拉出渐变色，然后调整"黑色半透明"图层的不透明度为 70%（数值可以看具体效果而定），图层面板如图 1-14 所示。神奇的扑克牌最终效果如图 1-15 所示。执行"文件→存储"命令，保存文件并命名。

图 1-14　修改"黑色半透明"图层的不透明度　　　图 1-15　神奇的扑克牌最终效果

1.5　Photoshop CC 相关知识

1.5.1　Photoshop CC 界面详解

随着版本的不断升级，Photoshop CC 的工作界面布局也更加合理、更加人性化。启动 Photoshop CC，图 1-16 所示的是其工作界面，工作界面由菜单栏、属性栏、工具箱、状态栏、选项卡式文档窗口及面板组组成。

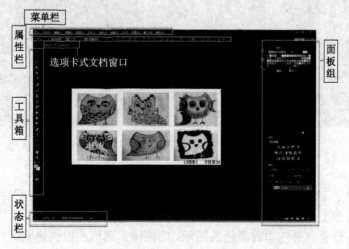

图 1-16　Photoshop CC 工作界面

1. 菜单栏

Photoshop CC 中的菜单栏有 11 组主菜单，分别是文件、编辑、图像、图层、文字、选择、滤镜、3D、视图、窗口和帮助，如图 1-17 所示。单击相应的主菜单，就可以打开该菜单下的命令，如图 1-18 所示。

图 1-17 Photoshop CC 菜单栏

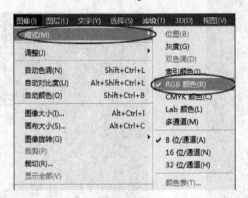

图 1-18 图像菜单及级联菜单

2. 选项卡式文档窗口

文档窗口是显示打开图像的地方，若只打开一幅图像，就只有一个文档窗口，如图 1-19 所示；若打开了多幅图像，文档窗口会按选项卡的方式进行显示，如图 1-20 所示。单击文档窗口的标题栏即可把该文档设置为当前工作窗口。

图 1-19 一个文档窗口

3. 工具箱

工具箱中集合了 Photoshop CC 大部分的工具，这些工具分为 8 组，分别是选择工具、裁剪与切片工具、吸管工具与测量工具、修饰工具、路径与矢量工具、文字工具和导航工具，除这 8 组工具外还有设置前景色与背景色的图标、切换模式图标和以快速蒙版模式编辑图标，如图 1-21 所示。使用鼠标单击某工具，即可选择该工具，如果工具的右下角带有黑色三角形图标，表示这是一个工具组，在工具上右击（或者单击后停留 2 秒）即可弹出隐藏的工具。

图 1-20　多个文档选项卡的方式

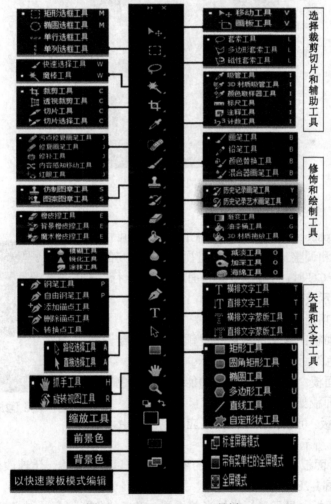

图 1-21　Photoshop CC 工具栏

4．属性栏

属性栏主要用来设置工具的参数选项，不同的工具属性栏各不相同，图 1-22 所示的是选中移动工具 时，其属性栏的显示内容；图 1-23 所示的是选中"画笔工具" 时，其属性栏的显示内容。

图 1-22 "移动工具"的属性栏

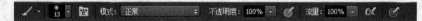

图 1-23 "画笔"的属性栏

5．状态栏

状态栏位于工作界面的最底部，可以显示当前文档的大小、尺寸、当前工具和窗口缩放比例等信息。单击状态栏中的三角形图标 ，即可设置要显示的内容，如图 1-24 所示。

图 1-24 状态栏

6．面板组

面板组是 Photoshop CC 最常用的控制区域，几乎可以完成所有的命令操作和调整工作，又可以监视和修改用户的工作。启动 Photoshop CC 时，只显示了某些面板，通过执行"窗口"命令将面板显示或隐藏。

各面板的基本功能如下。

（1）"颜色"面板：用于选取或设置颜色，便于绘图和填充等操作，"颜色"面板如图 1-25 所示。

（2）"色板"面板：用于选择颜色功能，与"颜色"面板相似，"色板"面板如图 1-26 所示。

（3）"样式"面板：可以将预设的效果应用到图像中，"样式"面板如图 1-27 所示。

（4）"导航器"面板：用于显示图像的缩略图，可以缩放图像，迅速改变图像的显示范围，"导航器"面板如图 1-28 所示。

（5）"信息"面板：显示鼠标指针当前位置、像素的色彩信息及鼠标指针当前位置的坐标值，"信息"面板如图 1-29 所示。

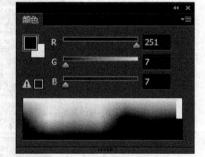

图 1-25 "颜色"面板

图1-26 "色板"面板

图1-27 "样式"面板

图1-28 "导航器"面板

图1-29 "信息"面板

（6）"图层"面板：用于控制图层的操作，"图层"面板的详细介绍如图1-30所示。

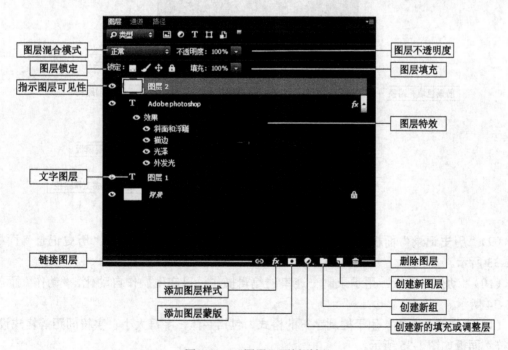

图1-30 "图层"面板详解

（7）"通道"面板：用于记录图像的颜色数据并保存蒙版内容，可以在通道中进行各种操作,"通道"面板的详细介绍如图 1-31 所示。

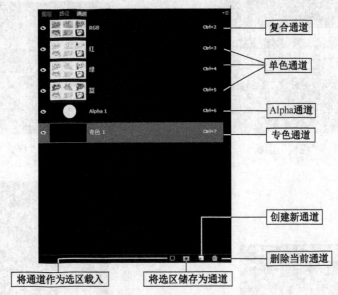

图 1-31 "通道"面板详解

(8)"路径"面板:用于创建矢量图形路径,也可以存储描绘的路径,还可以将路径应用于填色描边或将路径转换为选区,"路径"面板的详细介绍如图 1-32 所示。

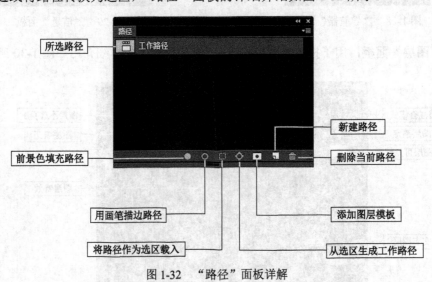

图 1-32 "路径"面板详解

(9)"历史记录"面板:用于恢复图像及指定的某一步骤的操作,"历史记录"面板如图 1-33 所示。

(10)"动作"面板:用于录制一连串的编辑操作,以实现操作自动化,"动作"面板如图 1-34 所示。

(11)"字符"面板:用于控制字符的格式,包括字体、字符大小、字符间距等格式设置,"字符"面板如图 1-35 所示。

(12)"段落"面板:用于控制文字的段落格式,包括段落对齐、段落缩排、段落间距等格式设置,"段落"面板的详细介绍如图 1-36 所示。

图 1-33 "历史记录"面板

图 1-34 "动作"面板

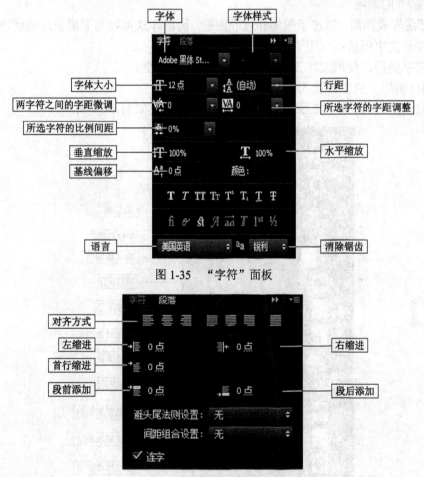

图 1-35 "字符"面板

图 1-36 "段落"面板

1.5.2 图层的认识

以图层为模式的编辑方式是 Photoshop CC 的核心思路,在 Photoshop CC 中,图层是使用 Photoshop CC 编辑处理图像时的必备元素。通过图层的堆叠与混合可以制作出多种效果。分图层是 Photoshop CC 的关键特性之一,良好的分图层有助于更完美地展示和修改设计。首先来了解一下 Photoshop CC 中图层的类型。

(1) **图层组**:管理图层,以便于随时查找和编辑图层。

(2) **中性图层**:填充了中性色的特殊图层,结合特定的混合模式可以达到一定的效果。

(3) **剪贴蒙版图层**:可以使用一个图层中的图像来控制它上面多个图层内容的显示

范围。

（4）当前图层：当前选择的图层。

（5）链接图层：保持链接状态的多个图层，可以同时进行移动缩放等变换。

（6）智能对象图层：包含智能对象的图层。

（7）填充图层：通过填充色、渐变或图案创建的图层。

（8）调整图层：调整图像的色调，并且可以反复修改。

（9）矢量蒙版图层：矢量形状的蒙版图层。

（10）图层蒙版图层：添加了图层蒙版的图层，可以控制图层中图像的显示范围，达到与它下方图层融合的效果。

（11）图层样式图层：添加了图层样式的图层，图层样式可以为图层快速地创建各种特效。

（12）变形文字图层：应用了变形效果的文字图层。

（13）文字图层：使用文字工具输入文字时建立的图层。

（14）3D 图层：包含有置入的 3D 文件的图层。

每种图层在图层面板中的显示方式都不同，详细介绍如图 1-37 所示。

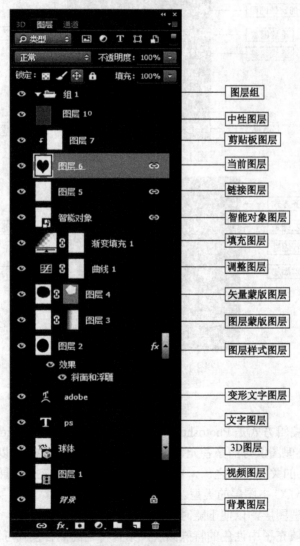

图 1-37　各种图层认识

1.5.3 图层的操作

1. 新建图层

新建图层的方式有两种：一种是通过菜单命令；另一种是通过图层面板。

（1）通过菜单命令新建图层是通过执行"图层→新建→图层"命令，在弹出的"新建图层"对话框中设置图层的名称、颜色、模式和不透明度等，如图1-38所示。

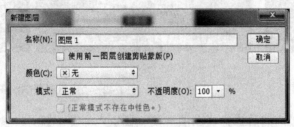

图1-38 "新建图层"对话框

（2）通过图层面板新建图层是单击图层面板底部的"新建图层"按钮 ，即可在当前图层上方新建一个图层，如图1-39所示；如果要在当前图层的下方创建新的图层，可以按住 Ctrl 键单击"新建图层"按钮 ，如图1-40所示。

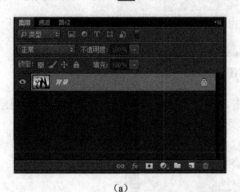
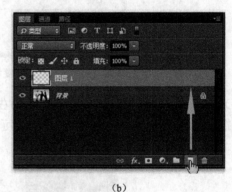

(a)　　　　　　　　　　　　(b)

图1-39 当前图层上方新建图层

图1-40 当前图层下方新建图层

2. 复制图层

（1）新建一个图层以后，执行"图层→新建→通过拷贝的图层"命令，可以将当前图层复制，如图1-41所示；若当前图像中存在选区，执行该命令后只会将选区中的图像复制到一个新图层中，如图1-42所示。

(a)   (b)

图 1-41   复制当前图层   图 1-42   有选区时复制的图层

（2）选择一个图层，然后执行"图层→复制图层"命令，打开"复制图层"对话框，如图 1-43 所示，单击"确定"按钮即可。

图 1-43   "复制图层"对话框

（3）选择要复制的图层，在图层面板中右击，在弹出的快捷菜单中选择"复制图层"命令，在打开的对话框中单击"确定"按钮即可，如图 1-44 所示。

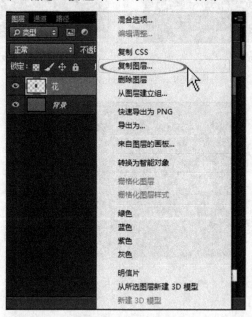

图 1-44   通过快捷菜单复制图层

（4）在图层面板中直接将要复制的图层拖曳到"新建图层"按钮上，如图 1-45 所示，即可复制出该图层的副本。

神奇的扑克牌 项目 1

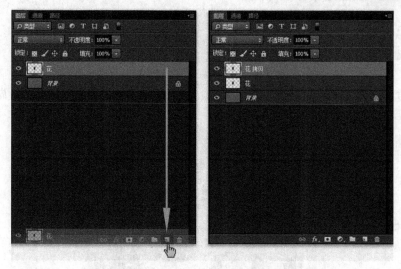

图 1-45　利用图层面板的新建按钮复制图层

3．选择图层

（1）选择一个图层，只要在图层面板中单击该图层即可。

（2）选择多个连续的图层，先选择顶端的图层后按住 Shift 键单击位于底端的图层。

（3）选择不连续的图层，先选择一个图层，然后按住 Ctrl 键单击其他图层的名称，即可选中多个不连续的图层。

4．删除图层

（1）如果要删除一个或多个图层，可以先将其选中，然后执行"图层→删除→图层"命令，即可将其删除，如图 1-46 所示。

（2）如果执行"图层→删除→隐藏图层"命令，可以删除所有隐藏的图层。

5．显示与隐藏图层/图层组

图层面板上图层缩略图左侧的 图标用来控制图层的可见性。有该图标的图层为可见图层，无该图标的图层为隐藏图层。单击 图标可以在图层的显示与隐藏之间进行切换。

6．锁定图层

在图层面板顶部有一排锁定按钮，用来锁定图层的透明图像、图像像素、锁定位置及锁定全部，如图 1-47 所示。

图 1-46　删除图层菜单

图 1-47　图层面板锁定按钮

17

思考与练习

打开思考与练习中的素材，使用移动工具，对扑克牌图层进行移动与排列，做出如图1-48所示的效果。

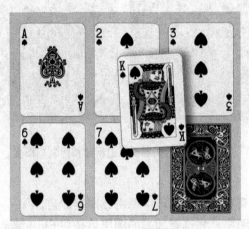

图1-48 扑克牌效果

项目 2

彩色的圆球

选区是 Photoshop CC 重要的概念之一,本项目用简单的圆形选区与图层结合,利用图层的复制、图层不透明度的修改,以及图层的链接与选区结合,利用选区的羽化制作圆形物体的投影,利用载入选区的方法制作不规则物体的投影,制作出绚丽多彩的圆球及其倒影和投影,并与一陶瓷罐组成一幅美丽的画面。

在本项目中继续使用移动工具 、橡皮擦工具 及渐变工具 ,渐变工具中涉及两种方式的渐变;使用椭圆选择工具 和橡皮擦工具 两种新的工具。

能力目标:

- 掌握渐变工具的 5 种渐变类型,并能修改渐变编辑器。
- 能使用椭圆选择工具建立正圆选区。
- 能使用选区的羽化为图层添加投影。
- 掌握通过命令及快捷键的方式载入图层选区。

2.1 渐变工具制作背景

(1)执行"文件→新建"命令,新建一个文档,设置大小为 800 像素×600 像素、分辨率为 72 像素/英寸,其他参数保持不变,名称为"彩色的圆球",如图 2-1 所示。

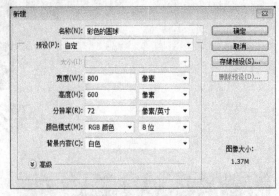

图2-1 "新建"对话框

（2）在工具箱的下方单击"前景色修改"按钮，修改前景色颜色为"#af8150"，如图2-2所示；单击"背景色修改"按钮，修改背景色颜色为"#784a24"，如图2-3所示。

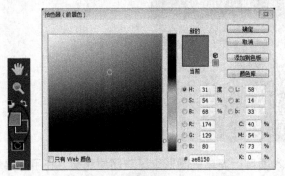

图2-2 前景色修改

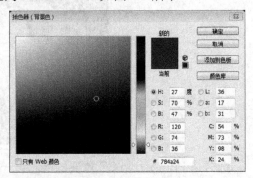

图2-3 修改背景色

（3）选择工具箱中的"渐变工具" ，在其属性栏中单击"线性渐变"按钮 ，然后设置渐变编辑器预设中的"名称"为"前景色到背景色渐变"（预设中的第一个），如图2-4所示。

（4）为了使渐变能垂直填充，可以按住Shift键，在背景图层上从上到下拉出渐变，填充背景为从前景色到背景色的渐变，效果如图2-5所示。

图2-4 "渐变编辑器"面板

图2-5 渐变填充后的效果

2.2 椭圆选框工具建立选区

（1）在图层面板中的右下角，单击"新建图层"按钮，新建一个图层并命名为"圆球"，选择工具箱中的"椭圆选框工具"，按住 Shift 键，在画布上从中心向外拖出一个圆形选区，选择工具箱中的"渐变工具"，在其属性栏中单击"径向渐变"按钮，并在渐变编辑器面板中修改渐变颜色为从"#f19192"到"#ab0809"再到"#e00a0a"的三色渐变，三个色标的位置如图 2-6 所示。

图 2-6 修改渐变颜色

（2）在"圆球"图层面板上，从刚建立的圆形选区的左上角到右下角拉出径向渐变，得到一个红色圆球；执行"选择→取消选择"命令或按 Ctrl+D 组合键取消选择，效果如图 2-7 所示。

图 2-7 圆球的效果

2.3 图层的复制与命名

（1）在图层面板中右击"圆球"图层，在弹出的快捷菜单中选择"复制图层"命令，在"复制图层"对话框中修改图层名称为"圆球2"，单击"确定"按钮，如图2-8所示，得到复制的圆球，由于位置重叠，看不出变化，选择工具箱中的"移动工具"，拖动"圆球2"图层的位置，使其不与第一个圆球重合，如图2-9所示。

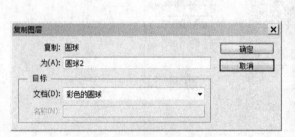

图 2-8 "复制图层"对话框　　　　　图 2-9 复制出的圆球

（2）为了使第二个圆球的颜色与第一个不同，单击图层面板的"圆球2"图层，执行"图像→调整→色相/饱和度"命令，或按 Ctrl+U 组合键，打开"色相/饱和度"面板，并滑动色相的滑块，得到不同颜色的圆球。为了使圆球的色彩饱和，也可以调整饱和度的滑块，如图2-10所示。

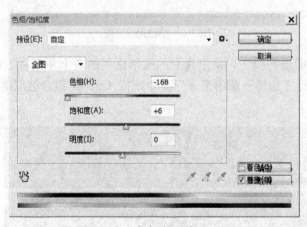

图 2-10 "色相/饱和度"面板

（3）重复执行（1）、（2）、（3）步骤，复制出更多的圆球，调整出不同的颜色，如图2-11所示。

选择工具箱中的"移动工具"，在其属性栏中选中"自动选择图层"和"显示变换控件"复选框，利用移动工具的"显示变换控件"面板，调整圆球的大小，在调整过程中为了保证圆球的纵横比例不改变，按住 Shift 键进行缩放，并移动圆球到合适的位置，如图2-12所示。

图 2-11　圆球颜色调整

图 2-12　圆球位置及大小调整

（4）为了显示出背景具有光泽度，圆球有倒影，以红色圆球为例，制作倒影。在图层面板中右击红色圆球的图层，选择复制图层，或者拖动"红色圆球"图层到图层面板中的"新建图层"按钮　处，就能复制一个新的图层，把新图层命名为"红色圆球倒影"，并拖动该图层到"红色圆球"图层的下方，如图 2-13 所示。

图 2-13　"红色圆球倒影"的图层顺序

图 2-14　加入"红色圆球倒影"的圆球效果

（5）单击"红色圆球倒影"图层，选择工具箱中的移动工具，将"红色圆球倒影"图层移动到"红色圆球"图层下方，但边缘接触，执行"编辑→变换→垂直翻转"命令，并降低"红色圆球倒影"图层的不透明度为 20%，如图 2-14 所示。

（6）为了使"红色圆球倒影"图层更加真实，越到下方倒影越淡，选择工具箱中的"橡皮擦工具"　，在其属性栏中设置画笔硬度为"0"，即为柔角画笔，降低橡皮擦的"不透明度"及"流量"值，如图 2-15 所示。

图 2-15　"橡皮擦工具"属性栏

在"红色圆球倒影"图层擦除，使它的下半部分降低透明度，倒影更加真实。

（7）重复步骤（5）、（6），为画面中的其他圆球也加入倒影。图层面板如图 2-16 所示，效果如图 2-17 所示。

图 2-16 其他圆球倒影图层顺序

图 2-17 所有圆球加入倒影的效果

2.4 羽化的选区做投影

（1）为了增加光影效果，给每个圆球加入投影效果。以红色圆球为例，在图层面板上新建一个图层，拖到"红色圆球"图层和"红色圆球倒影"图层中间，命名为"红色投影"。选择工具箱中的"椭圆选择工具" ，在红色圆球下方建立一个椭圆选区，如图 2-18 所示。

图 2-18 建立椭圆选区

（2）执行"选择→修改→羽化"命令，打开"羽化选区"对话框，设置"羽化半径"为"10"，如图 2-19 所示。

（3）在"红色投影"图层上执行"编辑→填充"命令，如图 2-20 所示。在"填充"对话框"内容"选项区域中选择"颜色"并设置为黑色，单击"确定"按钮。执行"选择→取消选择"命令或按 Ctrl+D 组合键取消选择。

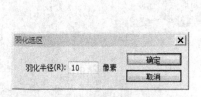
图 2-19 "羽化选区"对话框

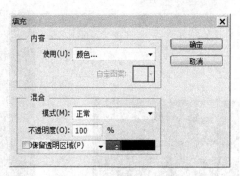
图 2-20 "填充"对话框

（4）重复执行（1）、（2）、（3）步骤，为其他的圆球加入投影效果，如图 2-21 所示。

图 2-21 加入投影后的效果

2.5 图层的链接

（1）为了使后期可以更加随意地移动或者变换圆球，把圆球、圆球的投影及倒影的图层进行链接。以红色圆球为例，按住 Shift 键选中红色"圆球"图层、"红色圆球倒影"图层及"红色投影"图层，单击图层面板下方的"链接图层"按钮，将三个图层进行链接，图层面板中每个图层后面增加了链接图标，如图 2-22 所示。这样在移动红球时，它的倒影及投影都能同时移动。

（2）对其他颜色的圆球的图层做相同的链接处理，当需要单独移动的时候，可以把链接图层解除。同样选中链接的图层，单击图层面板中的"链接图层"按钮，就可以对已经链接的图层解除链接。

（3）执行"文件→打开"命令，打开素材中的"陶瓷罐.psd"文件。利用移动工具或者执行"选择→全选"和"编辑→拷贝"命令，然后回到"彩色的圆球"文件，执行"编辑→粘贴"命令把陶瓷罐复制到"彩色的圆球.psd"文件中，并且把陶瓷罐的图层移动到最顶层。执行"编辑→变换→缩放"命令或按 Ctrl+T 组合键对陶瓷罐的大小进行调整，直到满意为止，单击属性栏中的"确认"按钮或者按 Enter 键对变换进行确认，如图 2-23 所示。

图 2-22　链接图层效果

图 2-23　加入陶瓷罐的效果

（4）为了使图层面板显得有序且简单，按 Shift 键把所有的圆球图层都选中，执行"图层→图层编组"命令，在打开的对话框中把组名命名为"圆球"，编组后的图层面板如图 2-24 所示。

（5）用制作圆球倒影的方法制作陶瓷罐的倒影，复制"陶瓷罐"图层，并把复制的图层拖动到"陶瓷罐"图层的下方，命名为"陶瓷罐倒影"。对"陶瓷罐倒影"图层执行"编辑→变换→垂直翻转"命令或按 Ctrl+T 组合键后右击，在弹出的快捷菜单中选择"垂直翻转"命令，并且降低该图层的不透明度，使用橡皮擦工具轻轻擦淡倒影的下半部分。

图 2-24　图层编组后的图层面板

（6）制作陶瓷罐的投影。在"陶瓷罐"图层下建立一个新的图层并命名为"陶瓷罐的投影"。按 Ctrl 键的同时单击图层面板中陶瓷罐的缩略图 ，即可载入陶瓷罐的选区。执行"选区→修改→羽化"命令，在"羽化"面板中设置羽化值为"10"。

对"陶瓷罐的投影"图层执行"编辑→变换→扭曲"命令，并把中心控点移动到下边缘，对黑色的投影进行扭曲调整，使陶瓷罐的投影与圆球的投影方向保持一致，效果如图 2-25 所示。

图 2-25　最后效果图

2.6 Photoshop CC 相关知识

2.6.1 选区的认识

若要在 Photoshop CC 中处理图像的局部而非整体效果,就要为该图像指定一个有效的编辑区域,这个编辑区域就是选区。

通过建立选区,可以对该区域进行编辑并保持未选定区域不被改动。例如,在前面的项目中,使用椭圆选择工具建立选区后用渐变工具填充出一个圆球,而在未建立任何选区时,使用渐变工具填充的是整张图像的背景,如图 2-26 所示。

(a) 未建立选区时的填充效果

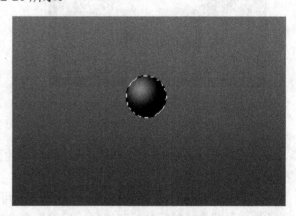
(b) 建立选区时的填充效果

图 2-26 利用选区填充

另外,选区可以将对象从一幅图中分离出来,如本项目中的陶瓷罐,就是通过建立选区的方式,从原图中分离出来的,以便于后面的设计与操作,如图 2-27 所示。

(a) 组合时的效果

(b) 分离出来的效果

图 2-27 利用选区分离图

2.6.2 建立选区的方式

1. 选框选择法

（1）形状比较规则的图形（如圆形、椭圆形、正方形、长方形）可以使用"矩形选择工具" ，或者"椭圆选框工具" ，如图 2-28 所示。

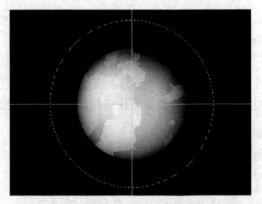

（a）使用矩形选择工具选择的效果　　　　　　（b）使用椭圆工具选择的效果

图 2-28　规则的选区

（2）形状不规则的选区（转折处比较锐利的图像）可以用"多边形套索工具" 进行选择，如图 2-29 所示。

③ 形状不规则且背景色比较单一的图像，可以使用"魔棒工具" 进行选择（使用魔棒工具先选择背景，然后执行"选择→反选"命令即可选择对象），如图 2-30 所示。

图 2-29　多边形套索工具建立的选区　　　　图 2-30　魔棒工具建立的选区

2. 路径选择法

"钢笔工具" 是一个矢量工具，它可以绘制出光滑的曲线路径，如果对象的边缘比较光滑而且形状不规则，就可以使用钢笔工具建立路径，然后把路径转换为选区即可选择对象，如图 2-31 所示。

3. 色调选择法

除"魔棒工具" 、"快速选择工具" 、"磁性套索工具" 外，基于色调之间的差异来创建选区的还有"选择"菜单中的"色彩范围"命令，如图 2-32 所示。

（a）建立的路径　　　　　　　　　　　　（b）路径转换为选区

图 2-31　路径转换为选区

（a）设置色彩的范围　　　　　　　　　　　（b）建立的选区

图 2-32　使用"色彩范围"建立选区

4．通道选择法

如果要从原图中抠取玻璃、毛发、婚纱等特殊图像，就需要使用通道来抠取图像，如图 2-33 所示。

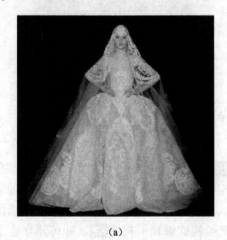

（a）　　　　　　　　　　　　　　　　　（b）

图 2-33　使用通道建立选区

抠取图像的步骤如下。

（1）在通道面板中对比红、绿、蓝三个单色通道，红通道中婚纱的显示最清晰，复制"红色通道"，执行"选择→载入选区"命令，在"载入选区"对话框的"通道"中选择"红拷贝"选项，如图 2-34 所示。

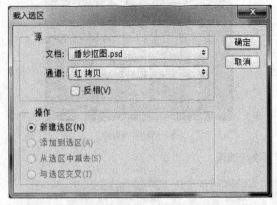

图 2-34　"载入选区"对话框

图 2-35　在选区范围下复制图层

（2）回到图层面板，在该选区范围下对"背景"图层进行复制，得到一个新的图层并命名为"婚纱 1"，图层面板如图 2-35 所示。

（3）打开"海景.jpg"文件，拖曳到"婚纱 1"图层下方。

（4）复制"背景"图层，拖曳到"婚纱 1"图层上方，并为该图层建立蒙版图层，用黑色的画笔涂抹黑色的背景部分及婚纱的透明处，即可把婚纱的图像更换背景，如图 2-36 所示。

（a）

（b）

图 2-36　婚纱与背景合成效果

5．快速蒙版选择法

单击工具箱中的"以快速蒙版模式编辑"按钮，就可以进入快速蒙版编辑模式，在该模式下，可以使用绘画工具及滤镜对选区进行特殊细致的处理。最基本的方式是使用"画笔工具"，前景色为白色进行涂抹则是增加选区范围，前景色为黑色进行涂抹则是减少选区范围，直到编辑的选区满意为止，单击退出"以快速蒙版模式编辑"按钮，即可建立合适的选区，如图 2-37 所示。使用这种方式在选择比较细小区域时有极大的优势。

(a)   (b)

图 2-37 使用快速蒙版建立选区

2.6.3 选区的运算

当使用框选工具、套索工具等创建选区时，属性栏中就会出现选区运算的相关工具，如图 2-38 所示。

（1）**新选区**：单击该按钮后，可以创建一个选区。如果已经存在一个选区，那么新创建的选区会替换原来的选区。

（2）**添加到选区**：单击该按钮，可以把当前创建的选区添加到原来的选区中（按 Shift 键可以实现相同的功能），如图 2-39 所示，要选择所有的第二个窗格，需先单击"添加到选区"按钮。

图 2-38 选区运算工具

图 2-39 添加到选区方式建立多个选区

（3）**从选区减去**：单击该按钮，可以将当前选区从原来的选区中减去（按 Alt 键可以实现相同的功能）。如图 2-39 所示，先选中两个窗格，单击"从选区减去"按钮，然后建立中间的柱子选区，即可得到需要的选区，如图 2-40 所示。

（4）**与选区交叉**：单击该按钮，新建选区时，只保留原来选区与新建选区相交的区域

（按 Shift+Alt 组合键可以实现相同的功能）。

(a)　　　　　　　　　　　　　　(b)

图 2-40　从选区减去方式建立精确选区

2.6.4　选区的修改

1．移动选区

使用"矩形选框工具" 、"椭圆选框工具" 创建选区时，在松开鼠标左键之前按住空格键拖曳光标即可移动选区；若是使用其他工具建立的选区需要移动时，先在其他工具属性栏中单击"选区运算"模式为建立新的选区 ，即可移动选区。若是小幅度的移动选区，可以在创建完选区以后按键盘上的方向键进行移动。

2．变换选区

执行"选区→变换选区"命令，即可对选区进行移动、旋转、缩放等操作，如图 2-41 所示的是旋转选区。

3．修改选区

执行"选区→修改"命令，即可对选区进行边界、平滑、扩展、收缩、羽化处理，如图 2-42 所示。

 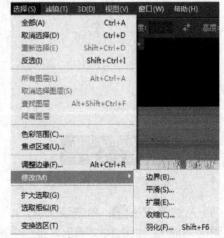

图 2-41　变换选区　　　　　　　图 2-42　修改选区菜单

图 2-43 所示的是选区经过 4 像素的边界处理后的选区变化。

(a) 建立选区　　　　　　　(b) 修改边界选区宽度　　　　(c) 选区边界处理后的效果

图 2-43　使用"边界"命令处理选区

执行"选区→修改→平滑"命令，可以对建立的选区进行平滑处理。

建立选区以后，如果要将选区向外扩展，可执行"选区→修改→扩展"命令，并且在弹出的对话框中设置扩展的像素；若是要把选区向内收缩，执行"选区→修改→收缩"命令，在弹出的对话框中输入"收缩量"的数值即可。

羽化选区是通过建立选区和选区周围像素之间的转换边界来模糊边缘，这种模糊方式将丢失选区边缘的一些细节。图 2-44 所示的是羽化 30 像素后填充白色的效果。

(a) 建立选区　　　　　　　　　　　　(b) 羽化处理后的效果

图 2-44　羽化选区

2.6.5　选区的保存

创建选区以后，执行"选择→存储选区"命令，会弹出"存储选区"对话框，如图 2-45 所示；或者在通道面板中单击"将选区存储为通道"按钮，即可将选区保存到通道中，如图 2-46 所示。

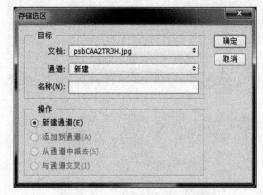 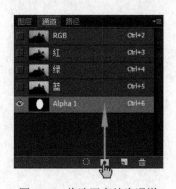

图 2-45　"存储选区"对话框　　　　　　图 2-46　将选区存储为通道

存储的选区下次需要用到时,可执行"选择→载入选区"命令,弹出"载入选区"对话框,如图2-47所示,在"通道"下拉列表中选择对应的"Alpha 1"通道。

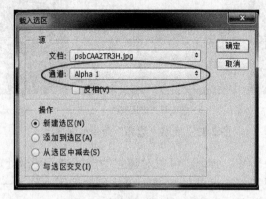

图2-47 "载入选区"对话框

思考与练习

打开思考与练习中的素材,制作出如图2-48所示的效果。

图2-48 制作效果

项目 3

神秘星际

利用图像的变形来制作土星的光环，利用图层的顺序制作出光环在土星外圈的效果，在本项目中用到图层的链接、图层的隐藏等图层的基本操作；用到的工具包括移动工具、渐变工具、椭圆选框工具、矩形选框工具和魔棒工具。

能力目标：

- 能使用图像的变形命令对图像进行缩放、旋转等操作。
- 掌握图层分层的方法、图层链接的作用。
- 掌握使用魔棒工具进行简单的抠图。
- 掌握使用"调整边缘"命令对选区进行优化。
- 能使用滤镜为图像添加特殊效果。

3.1 图像的变形

（1）启动 Photoshop CC，执行"文件→打开"命令，打开素材中的"土星球体.psd"文件，在已有土星球体的基础上，为土星加入光环。

（2）执行"视图→标尺"命令或者按 Ctrl+R 组合键，在窗口打开标尺，使用"移动工具"

,从左边的标尺拖动鼠标到球体的中心位置停止,拖出一条横向参考线,从上边的标尺拖动鼠标到球体的中心位置停止,拖出一条纵向参考线,如图3-1所示(本步骤的目的是为了找出圆的中心点)。

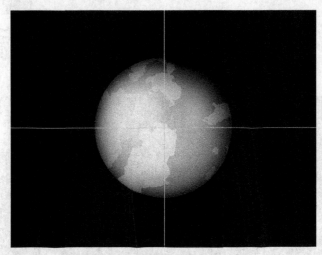

图3-1 参考线找出球体中心点

(3)选择工具箱中的"椭圆选框工具" ,按住Shift+Alt组合键,从两条参考线的交点开始拖出一个正圆的选区(范围比圆球大),如图3-2所示。

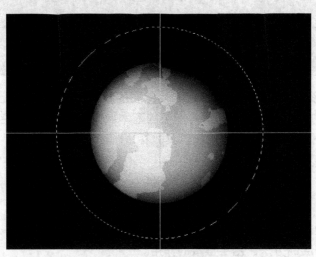

图3-2 从中心点建立的选区

(4)选择工具箱中的"渐变工具" ,在其属性栏中单击"径向渐变"按钮 ,在"渐变编辑器"面板中修改渐变的颜色,如图3-3所示。把色标滑块移到右侧(鼠标单击任意位置处即可增加一个滑块,拖住色标滑块往下拉即可删除该滑块),增加到5个色标滑块,颜色值从左到右分别为"# ccd147"、"# 0a732c"、"# fdfdf6"、"# 76cc31"和"# e6f00a"。单击"确定"按钮后关闭渐变编辑器。

(5)新建一个图层并命名为"光环",在该图层上,从两条参考线的交点处开始向圆形选区边缘拉出一渐变,如图3-4所示。

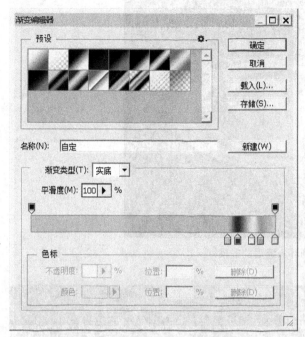

图 3-3 "渐变编辑器"中修改渐变颜色

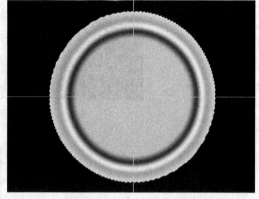

图 3-4 渐变填充选区

（6）按住 Ctrl 键，单击图层面板上的"圆"图层的缩略图 ，载入该图层的选区，如图 3-5 所示。为确保当前操作图层为"光环"图层，单击"光环"图层，按 Delete 键删除选区内容，得到一个圆环，执行"选择→取消选区"命令或按 Ctrl+D 组合键取消选区，如图 3-6 所示。

（7）执行"编辑→变换→缩放"命令或者按 Ctrl+T 组合键，对圆环进行缩放，为保证在缩放的过程中保证中心点的位置不变，可以在按住 Alt 键的同时调整控点。得到一个压扁的椭圆环，如图 3-7 所示。单击属性栏中的"确认"按钮 或者按 Enter 键对变换进行确认。

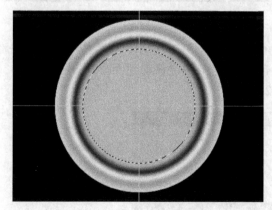

图 3-5 载入"圆"图层选区

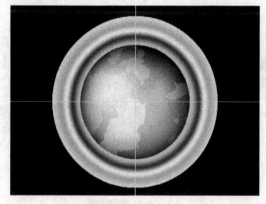

图 3-6 删除选区

（8）为了让光环能在球体的外面，必须把光环的上半部分从原图层中分割出来放入一个新的图层。选择工具箱中的"椭圆选区工具"，按住鼠标左键的同时在弹出的工具栏中选择"矩形选框工具" ，如图 3-8 所示。在画布上框选住圆环的上半部分，如图 3-9 所示。

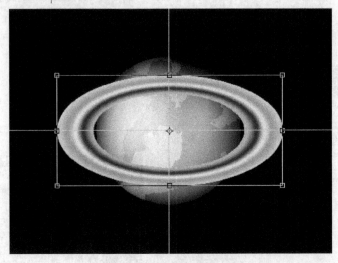

图 3-7　圆环压缩后的效果

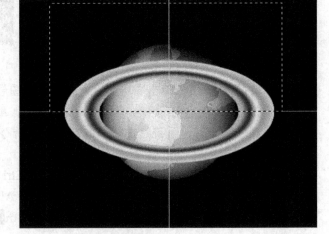

图 3-8　选择"矩形选框工具"　　　　　　图 3-9　建立选区

（9）执行"图层→新建→通过剪切的图层"命令，如图 3-10 所示，或者按 Shift+Ctrl+J 组合键，得到一个新的图层并命名为"圆环上半部分"，把该图层移动到"圆"图层的下方。图层剪切后的顺序如图 3-11 所示，效果如图 3-12 所示。

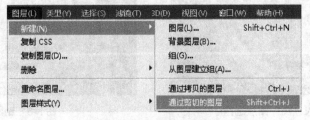

图 3-10　剪切图层的菜单

（10）为了移动和调整方便，需要把圆环的两个图层进行链接，在图层面板中按住 Ctrl 键，单击"光环"图层和"圆环上半部分"图层，选中两个图层后，单击图层面板上的"图层链接"按钮，将两个图层进行链接，图层面板如图 3-13 所示。

图 3-11 图层剪切后的顺序

图 3-12 土星效果

（11）执行"编辑→变换→旋转"命令，当鼠标指针在界定框边上变成形状时，对圆环的两个图层进行旋转，如图 3-14 所示（为突出鼠标指针的形状在这里把背景改成了白色）。按 Enter 键确认本次旋转。

图 3-13 链接两个图层

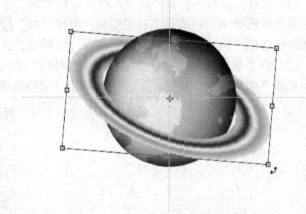
图 3-14 旋转链接的图层

（12）在图层面板中单击背景图层的隐藏按钮，将黑色的背景图层进行隐藏，按 Ctrl+Alt+Shift+E 组合键，盖印图层，得到一个新的图层，把新图层命名为"土星"。图层面板如图 3-15 所示，红圈部分表示隐藏图层。执行"文件→存储"命令对文件进行保存。

（13）执行"文件→打开"命令，打开素材中的"背景素材.psd"文件，并把步骤（13）中盖印的"土星"图层复制到"背景.psd"文件上，如图 3-16 所示。

图 3-15 隐藏背景图层

图 3-16 和背景合成后的效果

3.2 调整边缘优化选区

（1）执行"文件→打开"命令，打开素材中的"地球素材.psd"文件。为了把地球图像从白色背景中选择出来，选择工具箱中的"魔棒工具"，单击地球图像外的白色区域，白色区域都被选中，执行"选区→反选"命令，地球形状区域建立选区，如图 3-17 所示。

（2）为了优化选区，执行"选择→调整边缘"命令，或者在选择魔棒工具的同时在属性栏中单击"调整边缘"按钮，弹出"调整边缘"对话框，如图 3-18 所示。

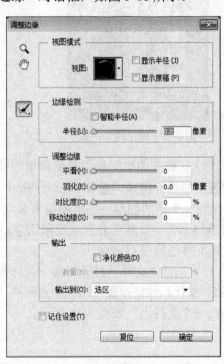

图 3-17 利用反选命令建立选区　　　　　图 3-18 "调整边缘"对话框

（3）在"调整边缘"对话框的"视图模式"选项区域中选择"黑白"，增加"调整边缘"

选项区域中的"平滑"值。单击"确定"按钮,确认选区的优化。

(4)执行"编辑→拷贝"命令,回到"背景素材.psd"文件,执行"编辑→粘贴"命令,将地球图像复制到背景文件中,选择工具箱中的"移动工具",将地球移动到合适位置,效果如图 3-19 所示。

图 3-19 加入地球素材后的效果

3.3 与背景的融合

(1)在图层面板中拖动地球图像所在的图层,放到卫星图层与土星图层的中间,在地球图层和卫星图层中分别执行"编辑→变换→缩放"命令或按 Ctrl+T 组合键,将地球图像放大、卫星图像缩小,降低土星所在图层的不透明度使其具有在远处的效果。

(2)在图层面板中单击"背景"图层,执行"滤镜→渲染→镜头光晕"命令,在打开的面板中选择"105 毫米聚焦"选项,在画布上单击需要出现镜头光晕效果的位置,然后单击"确定"按钮。

(3)执行"文件→存储"命令对文件进行保存,最后效果如图 3-20 所示。

图 3-20 最后效果

3.4　Photoshop CC 相关知识

使用"调整边缘"命令可以对选区的半径、平滑度、羽化、对比度和边缘位置等属性进行调整。

创建选区以后可以在属性栏中单击"调整边缘"按钮 调整边缘... 或执行"选择→调整边缘"命令，打开"调整边缘"对话框，如图3-21所示。

1. 视图模式

在"视图模式"选项区域中选择一个合适的视图模式，可以更加方便地查看选区的调整结果，如图3-22所示。

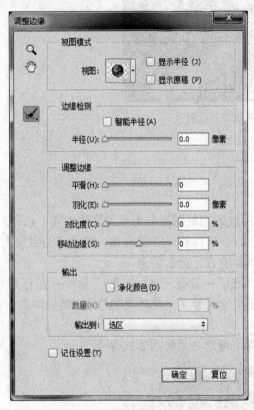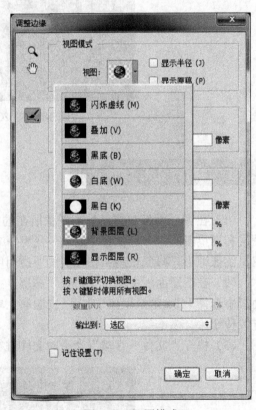

图3-21　"调整边缘"对话框　　　　　　　　图3-22　视图模式

各视图的显示模式，如图3-23所示。

2. 边缘检测

使用"边缘检测"命令可以抠出细密的毛发，如图3-24所示。

（1）**调整半径工具** ：可以扩展检测边缘。

（2）**抹除调整工具** ：可以恢复原始边缘。

（3）**智能半径**：自动调整边界区域中发现的硬边缘和柔化边缘半径。

（4）**半径**：确定发生边缘调整的选区边界的大小。如果边缘较为锐利，可以使用较小的半径；如果边缘较柔和，则使用较大的半径。

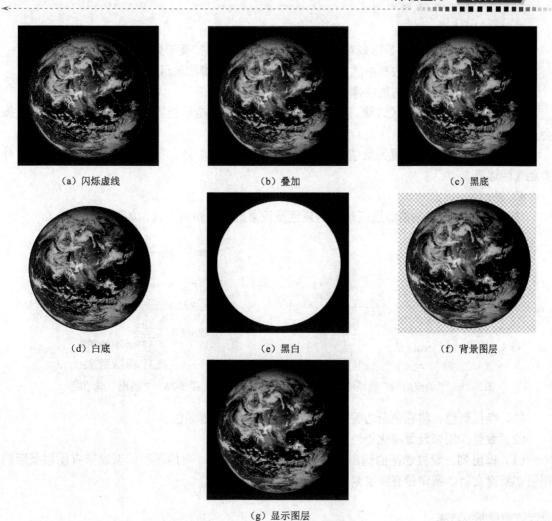

图 3-23　各视图的显示模式

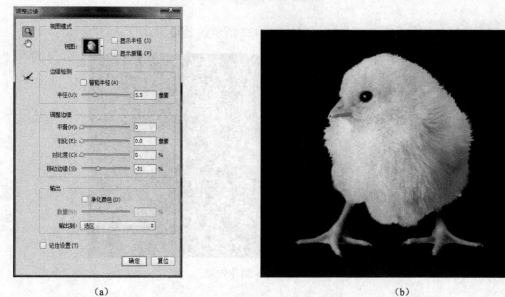

图 3-24　利用调整边缘优化后建立的图层

3. 调整边缘

"调整边缘"选项组主要用来对选区进行平滑、羽化和扩展等处理,如图3-25所示。

(1)**平滑**:减少选区边界中的不规则区域,创建较平滑的选区轮廓。

(2)**羽化**:模糊选区与周围像素之间的过渡效果。

(3)**对比度**:锐化选区边缘。通常情况下,配合"智能半径"选项调整出来的选区效果会更好。

(4)**移动边缘**:当设置为负值时,可以向内收缩选区边界;当设置为正值时,可以向外扩展选区边界。

4. 输出

"输出"选项组用来消除选区边缘的杂色及设置选区的输出方式,如图3-26所示。

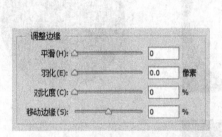

图3-25 "调整边缘"选项组

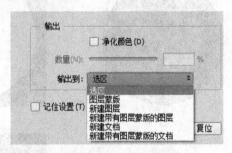

图3-26 "输出"选项组

(1)**净化颜色**:将彩色杂边替换为附近完全选中的像素颜色。

(2)**数量**:用来设置净化彩色杂边的替换程度。

(3)**输出到**:设置选区的输出方式有选区、图层蒙版、新建图层、新建带有图层蒙版的图层、新建文档、新建带有图层蒙版的文档。

思考与练习

利用选区的运算及渐变工具制作出如图3-27所示的效果。

图3-27 制作效果

项目 4

偷 天 换 日

本项目由多个实例组成。通过建立选区的工具（套索工具、矩形选框工具、魔棒工具、快速选择工具）、快速蒙版、钢笔工具及色彩范围选择命令对图像进行去背景、换背景处理。

能力目标：

- 能根据图像的特性选择合适的抠图方法。
- 能使用快速蒙版建立和编辑选区。
- 掌握建立不规则选区的工具，如套索工具、快速选择工具等。
- 能使用钢笔工具建立复杂路径，并掌握路径与选区的关系。
- 掌握色彩范围选择命令建立图像选区。

4.1 文化校园

4.1.1 多边形套索工具建立选区

（1）启动 Photoshop CC，执行"文件→打开"命令，打开素材中的"橱窗.jpg"文件。

(2) 双击图层面板上的背景图层,在弹出的对话框中修改图层名称为"橱窗",如图 4-1 所示。单击"确定"按钮,把之前的背景图层转换为普通图层。

(3) 单击工具箱中的"套索工具组",按住鼠标左键的同时在弹出的面板中选择"多边形套索工具" (多边形套索工具一般是用来选择规则的多边形选区的,而同一组的磁性套索工具是用来选择不规则的形状且要选择的对象和背景在色彩上有较大的对比度),如图 4-2 所示。

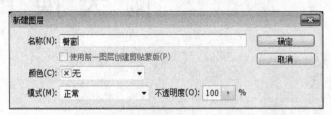

图 4-1 "新建图层"对话框　　　　　　　　图 4-2 多边形套索工具

(4) 在图像中单击第一个橱窗的左上角,沿着橱窗边缘拖动鼠标到边框的右上角单击以确定边线,继续沿着橱窗的纵向边缘拖动到边框的右下角单击以确定第二条边线,继续沿着橱窗的下边缘拖动鼠标到边框的左下角单击以确定第三条边线,继续沿着橱窗的左边缘拖动鼠标,直到和开始位置的点重合,多边形套索工具的下方出现一个空心圆点时双击,即可建立一个封闭的选区。建立的第一个橱窗的选区如图 4-3 所示。

图 4-3 建立选区时确定边线的顺序

(5) 在建立第一个橱窗选区的基础上要增加第二个橱窗的选区,需修改套索工具的模式为添加模式,在属性栏中单击"添加到选区"按钮 。使用与第 (3) 步相同的方式建立第二个橱窗的选区,如单击的点有误可以按 Delete 键取消单击点,重新单击正确的点。为了建立更精确的选区,也可以选择工具箱中的"放大工具" ,对视图进行放大,再用多边形套索工具建立选区,如图 4-4 所示。

(6) 按 Delete 键清除里面的内容,执行"选择→取消选区"命令或按 Ctrl+D 组合键取消选区。

图4-4 建立橱窗的选区

4.1.2 图像的透视

（1）执行"文件→打开"命令，打开素材中的"橱窗内容 1.jpg"和"橱窗内容 2.jpg"，使用"移动工具" 直接把图像拖动到橱窗文件中并移动到合适的位置，调整图层顺序，使其在橱窗图层的下方。图层顺序如图 4-5 所示。

（2）执行"编辑→变换→透视"命令，对"橱窗内容 1"图层和"橱窗内容 2"图层进行透视处理，使其符合橱窗的透视角度。透视后的效果如图 4-6 所示。

图4-5 图层顺序

图4-6 透视后的橱窗内容

（3）为使橱窗内容添加更加规整，需要删除多余部分，回到图层面板，使用"魔棒工具" 选取左边的橱窗部分，然后执行"选择→反选"命令，单击"橱窗内容 1"图层，按 Delete 键对多余部分进行删除。右边的橱窗内容也做相应的修改。

4.1.3 图层样式之内阴影

（1）为了橱窗内容更好地融入到橱窗中，单击"橱窗内容1"图层，执行"图层→图层样式→内阴影"命令，弹出如图4-7所示的对话框。

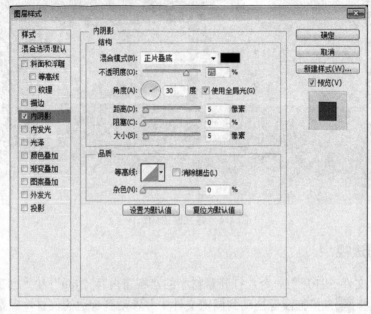

图4-7 "图层样式"对话框

（2）修改选项中的"距离"、"大小"参数，使"橱窗内容1"图层有阴影效果。给"橱窗内容2"图层添加相同的图层样式（或者按住Alt键在图层面板中拖住效果图层移动到"橱窗内容2"图层中，即可把"橱窗内容1"的图层样式复制到"橱窗内容2"图层中）。调整后的效果如图4-8所示。

图4-8 "文化校园"最后效果

4.2 天变

本实例主要应用"魔棒工具" ，选择大面积颜色相近的色块。项目 3 中已经学习使用了魔棒工具，这个实例再次感受魔棒工具的魅力。

（1）执行"文件→打开"命令，打开素材中的"原图.jpg"文件，在图层面板中双击"背景"图层，弹出如图 4-9 所示的对话框，单击"确定"按钮，把背景图层转换为普通图层。

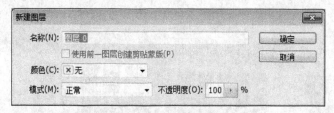

图 4-9　背景图层转换为普通图层

（2）选择工具箱中的"魔棒工具" ，修改属性栏中的属性，如图 4-10 所示。

图 4-10　"魔棒工具"属性栏

因为不锈钢的柱子颜色和天空的颜色太接近，为了防止选中不锈钢的柱子，把容差值从默认的"32"改为"15"，并把选区模式改为"添加到选区"。

（3）用魔棒工具在天空部分进行单击选区，若没有完全选中，继续单击未选中的区域，直到选区添加天空部分全部选中为止，如图 4-11 所示。

图 4-11　用魔棒工具建立的选区

（4）按 Delete 删除选中的部分，执行"选择→取消选择"命令或按 Ctrl+D 组合键取消选区。

（5）执行"文件→打开"命令，打开素材中的"天空.jpg"文件，执行"编辑→拷贝"命令和"编辑→粘贴"命令，把天空图层复制到原图层文件中，执行"编辑→变换→缩放"命令对天空图层进行调整直到满意为止。

（6）在图层面板中把天空图层移动到底层，最后效果如图4-12所示。

图4-12 "天变"最后效果

4.3 动物的语言

4.3.1 快速选择工具建立选区

（1）启动Photoshop CC，执行"文件→打开"命令，打开素材中的"bird.jpg"文件。

（2）选择工具箱中的"快速选择工具" ，单击鸟的形状区域，建立初步的选区，如图4-13所示。

图4-13 快速选择工具建立选区

4.3.2 快速蒙版模式编辑选区

（1）为了精确地选择小鸟爪子的区域，单击工具箱的"快速蒙版模式"按钮 ，进入快速蒙版模式，对选区进行修改。快速蒙版模式中，在默认方式下，非选择区域是用50%的红色来显示，选择区域是正常的颜色，如图4-14所示。

图4-14 快速蒙版编辑模式

（2）用"画笔工具" 可以对选择区域进行修改，前景色改为黑色，画笔经过的区域也变成了50%红色显示的区域，即缩小了选区；前景色改为白色，画笔经过的区域以正常的颜色显示，即放大了选区。为了选择小鸟的爪子部分，在属性栏中修改画笔的笔触大小，为使选区的边界更加清晰，也可以增大画笔的硬度，如4-15所示。

（3）经过仔细修改，小鸟的外形已经全部显示，这个时候可以继续单击工具箱中的 图标退出快速蒙版模式，这时已经得到一个完整的小鸟的选区，如图4-16所示（若对选区还是不满意，可以再一次进入快速蒙版模式，用黑色的画笔和白色的画笔对选区进行修改，直到满意为止）。

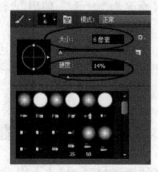

图4-15 修改画笔笔触

图4-16 使用快速蒙版建立的选区

（4）执行"选择→调整边缘"命令对选区进行平滑，设置平滑参数为"2"。

（5）执行"编辑→拷贝"和"编辑→粘贴"命令，在"bird"文件上复制出一个新的小鸟图层，并把图层命名为"bird1"。

（6）双击"背景"图层，在弹出的对话框中单击"确定"按钮，把背景图层转换为普通图层，并把该图层命名为"树枝"。

（7）使用"快速选择工具" 和快速蒙版的方式建立"树枝"选区，如图4-17所示。

（8）执行"选择→调整边缘"命令对选区进行平滑，设置平滑参数为"4"，单击"确定"按钮，确认选区"调整边缘"的修改。执行"选择→反选"命令，对选区进行反选，并按Delete键清除树枝以外的内容。

（9）树枝的图层上留下了小鸟的爪子部分，为了便于修复"树枝"图层，单击隐藏按钮，在图层面板上先把"bird1"图层进行隐藏，如图4-18所示。

图4-17 使用快速选择工具建立"树枝"选区　　　　图4-18 隐藏"bird1"图层

4.3.3 仿制图章工具修复树枝

（1）选择工具箱中的"仿制图章工具" ，按住Alt键的同时单击树枝完好部分以确认复制的源图像，接着在有小鸟爪子的树枝上单击，把刚才复制的源图像进行应用。经过不断重复，修复后的树枝如图4-19所示。

（2）在图层面板中单击"新建图层"按钮，新建一个图层并命名为"背景"，使用"# ffd92e"前景色执行"编辑→填充"命令对新图层进行填充。

（3）用鼠标拖动"bird1"图层到新建图层按钮 后松开，复制出"bird1 拷贝"图层，把该图层重新命名为"bird2"，对该图层执行"编辑→变换→水平翻转"和"编辑→变换→旋转"命令。

（4）对"bird1"图层进行移动和缩小，如图4-20所示。

（5）执行"文件→打开"命令，打开素材中的"树.jpg"文件。利用"魔棒工具" 在属性栏中取消"连续"选项，如图4-21所示。单击白色的部分，整棵树都被选中。

（6）执行"编辑→拷贝"和"编辑→粘贴"命令，把选择的树复制到"bird.psd"文件中，并把图层拖到背景图层的上面，设置该图层的图层模式为"叠加"，图层面板及效果如图4-22所示。

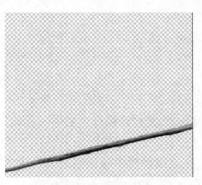
图 4-19 修复后的树枝

图 4-20 复制并调整 "bird1" 图层后的效果

图 4-21 "魔棒工具"属性栏

（a）修改图层模式

（b）修改图层模式后的效果

图 4-22 图层模式修改及效果

（7）选择工具箱中的"文字工具" ，在其属性栏中设置字体和字号，如图 4-23 所示。

图 4-23 "文字工具"属性栏

输入文字后在属性栏中单击"确认"按钮 或者按 Enter 键确认文字图层的建立。最后效果如图 4-24 所示。

图 4-24 "动物的语言"最后效果

4.4 小径通幽

4.4.1 钢笔工具建立路径

(1) 执行"文件→打开"命令,打开素材中的"门.jpg"文件,执行"文件→存储"命令,对文件进行保存并命名为"小径通幽.psd"。

(2) 选择工具箱中的"钢笔工具" 或按 P 键,在其属性栏中确认钢笔工具建立的是路径,如图 4-25 所示。

图 4-25 "钢笔工具"属性栏

(3) 使用钢笔工具在"门.jpg"文件中单击一个点确定路径的开始位置,并且按住鼠标拖出一条方向线确定曲线的弯曲方向,如图 4-26 所示。

(4) 沿着门的轮廓线,确定路径的第二个锚点,第二个锚点确定后若发现路径和门的轮廓不一致,可以选择工具箱中的"直接选择工具" 对锚点进行修改,可以拖动方向线的两端改变方向线的方向(若只想改变锚点一侧的方向线可以按住 Alt 键进行调整),也可以缩短方向线的长度,调整后的效果如图 4-27 所示。

图 4-26 钢笔工具建立锚点

图 4-27 调整锚点后的方向线

(5) 若在建立路径的过程中无法调整它的弯曲度,如图 4-28 所示,这时可以选择钢笔工具同一组下的"添加锚点工具" ,如图 4-29 所示,在不够弯曲的路径中间单击添加一个锚点,并用"直接选择工具" 拖动锚点到合适位置,如图 4-30 所示。

(6) 沿着门的轮廓依次确定路径,并用"直接选择工具" 调整路径,直到最后一个锚点建立后再单击第一个锚点对路径进行封闭。最后建立的路径如图 4-31 所示。

图 4-28　路径弯曲度与门框不符

图 4-29　选择"添加锚点工具"

图 4-30　用"直接选择工具"拖动锚点

图 4-31　建立门框路径

（7）双击图层面板中的"背景"图层，在弹出的对话框中单击"确定"按钮，把背景图层转换为普通图层。

4.4.2　路径转换为选区

（1）在路径面板（若路径面板关闭，可执行"窗口→路径"命令，打开路径面板）中右击刚建立的路径，选择"建立选区"命令，如图 4-32 所示，把路径转换为选区后，按 Delete 键删除选区内的内容。

（2）执行"文件→打开"命令，打开素材中的"小径.jpg"文件，用"移动工具"把该图拖到"小径通幽.psd"文件中，并调整图层顺序，把小径图层置于底层，最后效果如图 4-33 所示。

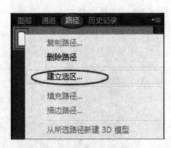

图 4-32 从路径建立选区

图 4-33 "小径通幽"最后效果

4.5 Photoshop CC 相关知识

4.5.1 快速蒙版

"以快速蒙版模式编辑工具" 是用于创建和编辑选区的工具,其功能非常实用。在快速蒙版模式下,可以使用 Photoshop CC 中的工具或者滤镜来修改蒙版以达到修改选区的目的。

在快速蒙版模式下,可使用的最基本工具是"画笔工具" 。

在工具箱中双击"以快速蒙版模式编辑工具" ,打开"快速蒙版选项"对话框,如图 4-34 所示。

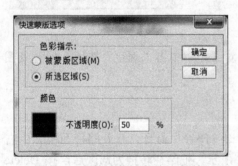

图 4-34 "快速蒙版选项"对话框

(1) **色彩指示**:当选中"被蒙版区域"单选按钮时,图像中选中的区域显示为原始图像效果,而未选中的区域则会覆盖蒙版的颜色;当选中"所选区域"单选按钮时,图像中选中的区域将会被覆盖蒙版颜色。

(2) **颜色或不透明度**:单击颜色色块,可以在拾色器中修改蒙版的颜色。系统默认的蒙版颜色是 50%的红色,如果图像的颜色与蒙版的颜色太接近,则可以通过这个选项来修改蒙版颜色加以区别;"不透明度"用来设置蒙版颜色的不透明度。

1. 快速蒙版建立选区

打开素材中的"树林.jpg"文件和"童趣.jpg"文件,并把"童趣.jpg"文件置于"树林.jpg"文件中,缩放到合适位置,如图 4-35 所示。

图 4-35 两幅图像的叠放

为了使两幅图片更好地融合,需要把"小孩"图层的部分内容删除,因此需要建立选区。双击"以快速蒙版模式编辑工具" ,在"快速蒙版选项"对话框中选中"所选区域"单选按钮,单击"确定"按钮,进入快速蒙版模式,在工具箱中选择"画笔工具" ,再在其属性栏中选择一种柔角画笔,如图 4-36 所示,并设置画笔"大小"为"32",设置前景色为黑色,然后在"小孩"图层上把需要删除的部分涂抹,如图 4-37 所示。

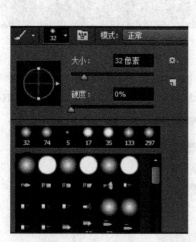

图 4-36 画笔选项　　　　　　　　图 4-37 快速蒙版修改选区

涂抹过程中可以修改画笔的"大小"、"不透明度"和"流量",如果涂抹的区域超过了想要删除的部分,修改前景色为白色,使用画笔涂抹即可恢复。涂抹完成后,单击"退出快速蒙版模式"按钮 ,可以看到建立的选区,如图 4-38 所示,按 Delete 键删除选区内容,如图 4-39 所示。

图 4-38　修改完的选区　　　　　　　　　图 4-39　删除选区后的效果

2. 快速蒙版编辑选区

打开素材中的"日落.jpg"文件，使用"椭圆选框工具"，框选出一个选区，如图 4-40 所示。执行"选择→反选"命令，对选区进行反选操作，单击"以快速蒙版模式编辑工具"，进入快速蒙版模式，如图 4-41 所示。

图 4-40　建立椭圆选区　　　　　　　　　图 4-41　快速蒙版模式

执行"滤镜→滤镜库"命令，打开"滤镜库"对话框，再选择"画笔描边"中的喷色描边（也可以尝试使用其他的滤镜达到意想不到的效果），并进行参数的设置，如图 4-42 所示。

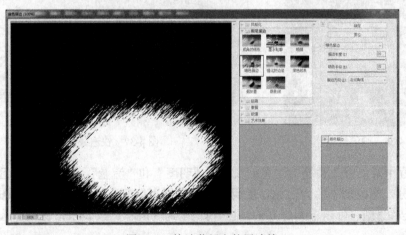

图 4-42　快速蒙版中使用滤镜

单击"退出快速蒙版模式"按钮，经过滤镜处理后，选区出现特殊效果，如图 4-43 所示。执行"编辑→填充"命令，填充为白色，在该选区范围内填充白色后执行"选择→取消选择"命令，效果如图 4-44 所示。

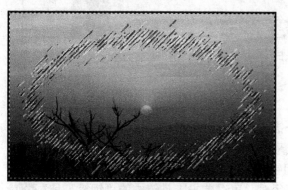

图 4-43　使用滤镜修改的选区

图 4-44　删除选区后的效果

4.5.2　认识路径

路径是一种轮廓，由一个或多个直线段或曲线段组成，锚点标记路径段的端点。如图 4-45 所示，a、b、c 都是该曲线的锚点，其中 b 是被选中的锚点，a、c 是未被选中的锚点（选中整体曲线使用"路径选择工具" ，选择单个锚点使用"直接选择工具" ）；L 是 b 点的方向线，D 是 L 的方向点，方向线和方向点的位置共同决定曲线段的小大和形状。

锚点分为平滑锚点和角点锚点两种类型。图 4-46 所示的是平滑锚点，由平滑锚点连接的路径段是平滑的曲线，图 4-47 所示的是角点锚点，由角点锚点连接起来的路径可以形成直线段或折线段。

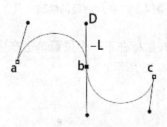

图 4-45　路径的锚点和方向线

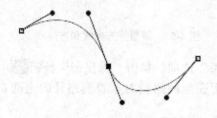

图 4-46　平滑锚点

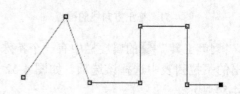

图 4-47　角点锚点

4.5.3　钢笔工具

"钢笔工具" 是最基本最常用的路径工具，使用钢笔工具可以绘制任意形状的直线或者曲线路径，其属性栏如图 4-48 所示。"路径"属性中有三个选项：形状、路径、像素，如图 4-49 所示。

图 4-48 "钢笔工具"属性栏　　　　　　　　图 4-49 "钢笔工具"绘制选项

1. 钢笔工具绘制直线段或折线段路径

使用钢笔工具在画布上单击即可产生一个锚点,在下一个位置继续单击产生第二个锚点,两个锚点连接形成一个直线段,若要建立水平直线或垂线可按 Shift 键后再用钢笔工具单击下一个锚点,如图 4-50 所示。当要结束一段路径时,可以单击工具箱中的"钢笔工具" 或按 Esc 键。

2. 钢笔工具绘制曲线段路径

使用钢笔工具在画布上产生第一个锚点,单击时按住鼠标左键,即可产生该锚点的方向线和方向点。因为方向线和方向点共同决定了曲线段的大小和形状,所以在没有调整到合适位置时不要松开鼠标,如图 4-51 所示;调整到合适位置后,松开鼠标在下一个位置单击产生第二个锚点,按住鼠标左键调整好方向线和方向点后松开,如图 4-52 所示。

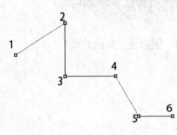

图 4-50 折线路径的绘制

图 4-51 拖出方向线的锚点　　　　　　　　图 4-52 调整好方向线和方向点

"钢笔工具" 的属性栏中有一个特殊的"橡皮带"选项,单击"橡皮带"按钮 ,在弹出的下拉列表中选择该选项,如图 4-52 所示,即可在绘制路径时查看到路径的走向,如图 4-54 所示。

图 4-53 "钢笔工具"的"橡皮带"选项

在创建曲线段路径的过程中,曲线往往不是一次性就到位的,此时可以选择工具箱中的"直接选择工具" ,选中特定的锚点,并对该锚点的方向线和方向点进行调整。若只需要调整一侧的方向线可按住 Alt 键后再调整,如图 4-55 所示。

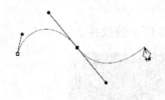 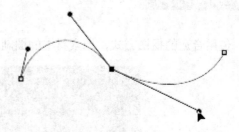

图 4-54 利用"橡皮带"绘制曲线路径　　　　　图 4-55 调整一侧的方向线

以建立如图 4-56 所示的图形的路径为例，进一步说明钢笔工具创建曲线段路径的过程。

图 4-56 建立路径的图形

图 4-57 所示的是建立该路径时创建锚点的顺序，锚点不可太多，多了曲线就不光滑，锚点也不能太少，少了就很难控制路径的弯曲程度。在初步学习钢笔工具之后，可以针对不同的图像沿着它的轮廓绘制出该图像的路径，以达到熟练使用钢笔工具的目的。

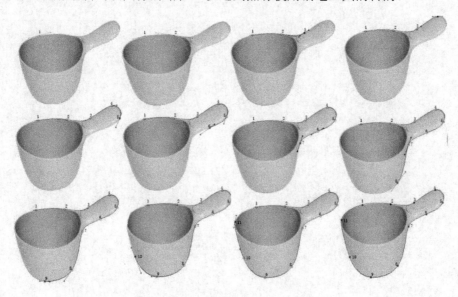

图 4-57 路径建立的锚点顺序

思考与练习

使用合适的抠图方式,把素材中的图制作出如图4-58所示的效果。

图4-58 制作效果

项目 5

有能量的咖啡

通过钢笔工具抠取咖啡杯，掌握路径的运算，使用钢笔工具学习建立精细选区的方法；通过咖啡杯放入咖啡豆中的背景，使咖啡杯有陷在咖啡豆中的效果，掌握图层叠加的应用，感受图层顺序排放的魅力；利用画笔工具绘制咖啡的烟雾，掌握画笔工具的绘图功能。

本项目用到的工具包括钢笔工具 、路径选择工具 、画笔工具 、魔棒工具 和文字工具 等。

能力目标：

- 掌握路径的运算，如路径的合并形状、减去顶层形状等。
- 能使用渐变图层使两个图层过渡自然。
- 掌握使用画笔工具绘制烟雾效果。
- 利用图像的变形对图像进行透视、扭曲等操作。
- 掌握文字工具的使用。

5.1 路径的运算建立咖啡杯路径

（1）执行"文件→打开"命令，打开素材中的"咖啡杯.jpg"文件，选择工具箱中的"钢笔工具" ，在其属性栏中确认建立的是路径，沿着杯子的轮廓建立路径，如图5-1所示。

图5-1 建立外轮廓路径　　　　　　　　图5-2 建立内轮廓路径

（2）继续在杯子手柄的内侧创建路径并且封闭，如图5-2所示。

（3）在工具箱中选择"路径选择工具" ，按住Shift键，把建立的两条路径都选中。在属性栏中设置路径操作为"排除重叠形状"，如图5-3所示，得到杯子的完整路径。

（4）在路径面板（若路径面板关闭，可执行"窗口→路径"命令，打开路径面板）中右击刚建立的路径，选择"建立选区"选项，执行"文件→拷贝"命令。

（5）执行"文件→新建"命令，新建一个文件并命名为"咖啡"，设置画布大小为"A4"、分辨率为300像素/英寸，如图5-4所示。执行"文件→存储"命令对文件进行保存。

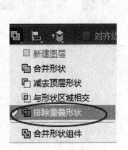 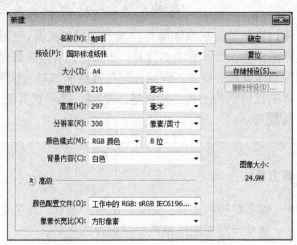

图5-3 "排除重叠形状"路径操作　　　　图5-4 "新建"对话框

（6）执行"文件→粘贴"命令，把刚才选择的咖啡杯粘贴到新文件中。

（7）设置前景色为"# e3000e"，执行"编辑→填充"命令，用前景色填充背景图层。

（8）执行"文件→打开"命令，打开素材中的"咖啡豆1.jpg"文件，利用"移动工具"  把该图层拖到新建的"咖啡.psd"文件中，此时的图层面板如图5-5所示。

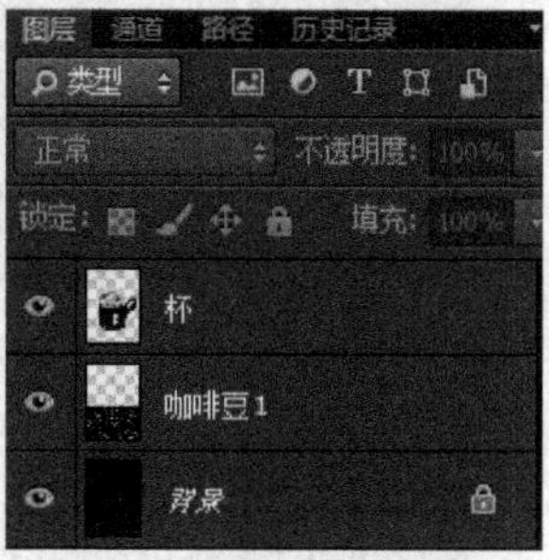

图5-5 咖啡豆与杯子的图层顺序

5.2 用渐变工具融合图层

（1）为了使背景图层和"咖啡豆1"图层更加融合，新建一个图层并命名为"过渡层"，把该图层置于"咖啡豆1"图层上方。

（2）选择工具箱中的"矩形选框工具"，如图5-6所示。在咖啡豆与背景层交界处绘制一个较大的矩形选区。

（3）选择工具箱中的"渐变工具"，在其属性栏的渐变编辑器中修改渐变为前景色到透明的渐变，渐变方式为线性渐变。

图5-6 选择"矩形选择工具"

（4）在建立的矩形选区内从中间向下拉出线性渐变，效果如图5-7所示，图层面板如图5-8所示。

图5-7 建立的矩形选区

图5-8 "过渡层"的图层顺序

（5）为了使咖啡杯在咖啡豆中的效果更好，执行"文件→打开"命令，打开素材中的"咖啡豆2.psd"文件，利用移动工具把咖啡豆移动到"咖啡.psd"文件中，把图层置于咖啡杯的上方并命名为"咖啡豆2"，效果如图5-9所示，图层面板如图5-10所示。

图 5-9 增加"过渡层"后的效果

图 5-10 咖啡豆的图层顺序

5.3 画笔工具绘制烟雾

（1）设置前景色为"#f77508"，选择工具箱中的"画笔工具" ，在其属性栏中降低画笔的不透明度和流量值，如图 5-11 所示。在图层"杯"的下方建立一个新的图层并命名为"第一层烟雾"，在咖啡杯的边缘及上方画出第一层烟雾，如图 5-12 所示。

图 5-11 "画笔工具"属性栏

图 5-12 画笔绘制第一层烟雾

（2）在"第一层烟雾"上方新建图层为"第二层烟雾"，设置前景色为"#f4c17a"，继续使用画笔工具，此时可适当调整画笔的大小，提高画笔的流量值及不透明度，在杯子的周围画出更亮的光线，如图 5-13 所示。

图 5-13　画笔绘制第二层烟雾

5.4　运动剪影扭曲与变形

（1）执行"文件→打开"命令，打开素材中的"运动剪影.jpg"文件，利用"魔棒工具"选择其中的一个运动剪影，执行"编辑→拷贝"命令，回到"咖啡.psd"文件，执行"编辑→粘贴"命令，把运动剪影复制（此步骤也可以使用移动工具直接移动到所需要的文件中）。

（2）执行"编辑→变换→缩放"命令或按 Ctrl+T 组合键对图像进行放大；执行"编辑→变换→扭曲"和"编辑→变换→透视"命令，使运动剪影贴于咖啡杯内的咖啡上，如图 5-14 所示。

（3）利用"画笔工具"，在新建的图层上为运动剪影加入一些投影，使其更加真实。最后把运动剪影部分的图层全部选中，执行"图层→图层编组"命令。

（4）选择工具箱中的"文字工具"，在画面的左上角单击确认文字输入的位置，输入文字"有能量的咖啡"，按 Enter 键确认。图层面板效果如图 5-15 所示，最后效果如图 5-16。

图 5-14　运动剪影变形后效果

图 5-15　最后图层顺序

图 5-16　最后效果

5.5　Photoshop CC 相关知识

移动、缩放、旋转、扭曲和斜切等是图像处理的基本方法，其中移动、缩放和旋转称为图像的变换，扭曲和斜切称为图像的变形。通过执行"编辑→变换"命令或按 Enter+T 组合键可以改变图像的形状特征。

1. 定界框、中心点及控制点

当执行"编辑→自由变换"命令时，当前的对象周围会出现一个用于变换的定界框，定界框中间有一个中心点，周围有 8 个控制点，如图 5-17 所示。

在默认方式下，中心点位于对象的中心，拖曳中心点可以移动对象的位置，中心点位置对于变换是有影响的。图 5-18 所示的是中心点在对象的中间和在对象的左边的旋转操作。

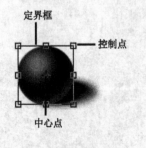
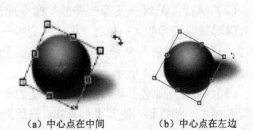

图 5-17　图像变形的定界框

图 5-18　中心点位置对变换的影响

2. 变换

在"编辑→变换"菜单中提供了各种变换命令，如图 5-19 所示。这些命令除了对图层、路径、矢量图形及选区内的图像进行变换操作外，还可以对矢量蒙版和 Alpha 通道进行变换操作。

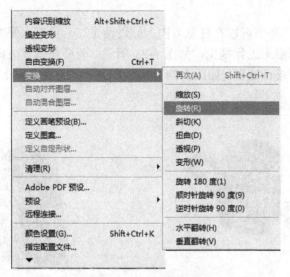

图 5-19 "变换"菜单

当对图像执行"编辑→变换"命令后，在属性栏中会出现如图 5-20 所示的显示框，每次操作结束，如果确定本次操作则单击属性栏中的"确定"按钮，如果放弃本次操作则单击"放弃"按钮。

图 5-20 "变换"的属性栏

（1）**缩放**："缩放"命令可以相对于变换对象的中心点对图像进行缩放。在左右定界框的控制点上可以对图像进行水平缩放；在上下定界框的控制点上可以对图像进行垂直缩放；在定界框的四个角上的控制点上可以对图像同时进行水平和垂直缩放。为了保证水平和垂直保持等比例缩放，可以按住 Shift 键后再在定界框的四个角上的控制点上进行调整；如果要以中心点为基准线等比例缩放图像，则按住 Shift+Alt 组合键后再在定界框的四个角上的控制点上进行调整，如图 5-21 所示。

图 5-21 图像缩放

（2）**旋转**："旋转"命令可以围绕中心点转动变换图像。鼠标靠近定界框的四个角上的控制点时，鼠标即变成 ↻ 形状，拖曳鼠标即可旋转图像。按住 Shift 键，可以以 15°为单位旋转图像，如图 5-22 所示。

（3）斜切："斜切"命令可以在任意方向上倾斜图像。若要在水平方向倾斜图像，则鼠标在上下边定界框的控制点上进行拖曳，如图 5-23 所示；若要在垂直方向倾斜图像，则鼠标在左右定界框的控制点上进行拖曳，如图 5-24 所示；在定界框的四个角上的控制点上拖曳鼠标，如图 5-25 所示。

图 5-22　图像旋转

图 5-23　水平倾斜图像

图 5-24　垂直倾斜图像

图 5-25　控制点上拖曳鼠标

以上三种情况，若按住 Alt 键则可以同时改变对边或对角。

（4）扭曲："扭曲"命令是更自由的"斜切"，"斜切"中每次拖曳边或角都有方向的限制，而"扭曲"没有，可以任意地移动边或角上的控点，如图 5-26 所示。

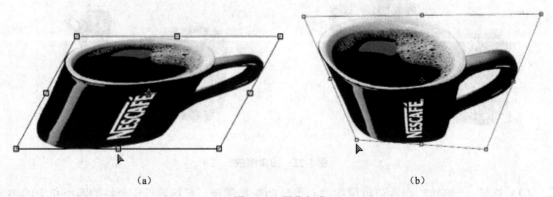

(a)　　　　　　　　　　　　　　　　(b)

图 5-26　图像扭曲

(5) 透视:"透视"的命令简单地说就是近大远小,在如图 5-27 所示的定界框的控制点中,拖曳控制点 2、4、6、8 的效果相当于斜切。拖曳控制点 1 往中心移动,控制点 3 也会跟着向中心移动进行变换,如图 5-28 所示;拖曳控制点 1 往控制点 8 方向移动,控制点 7 也会跟着向控制点 8 移动,如图 5-29 所示。

(6) 变形:执行"变形"命令后,图像会产生一个弯曲网格,网格将图像分为 9 个部分,如图 5-30 所示,此时拖动图像的任意部分即可产生弯曲的效果。拖动控制点 1、2、3、4 互为对顶角的 4 个角点可以移动,并且还可以更改角点的方向线角度和长度,令角点处呈现锐角或钝角(这里的方向线含义和控制方法与控制路径的锚点方向相近),拖动角点后效果如图 5-31 所示。

图 5-27 透视定界框

图 5-28 拖曳控制点 1 往中心移动

图 5-29 拖曳控制点 1 往控制点 8 方向移动

图 5-30 弯曲网格

图 5-31 拖动角点后的效果

(7) 旋转 180°/旋转 90°(顺时针)/旋转 90°(逆时针):这三个命令比较简单,执行"旋转 180°"命令,可以将图像旋转 180°,如图 5-32 所示;执行"旋转 90°(顺时针)"命令可以将图像顺时针旋转 90°，如图 5-33 所示；执行"旋转 90°（逆时针）"命令可以将图像逆时针旋转 90°，如图 5-34 所示。

图 5-32　旋转 180°

图 5-33　顺时针旋转 90°

图 5-34　逆时针旋转 90°

（8）**水平/垂直翻转**：这两个命令也比较简单，执行"水平翻转"命令，将图像水平翻转，如图 5-35 所示；执行"垂直翻转"命令将图像垂直翻转，如图 5-36 所示。

图 5-35　水平翻转

图 5-36　垂直翻转

思考与练习

用透视为室内效果图添加室外环境,室内图和室外环境图如图 5-37 所示。

图 5-37 室内图和室外环境图

项目 6

精彩瞬间

　　数码照片经过后期处理后与绘制的图像相结合构成一幅介于现实与幻想中的画面，并把这一画面用盖印的方式复制到手机的屏幕中，掌握图层盖印的方法；使用矩形工具绘制建筑远景，掌握形状图层的运算。

　　本项目用到的工具包括矩形选框工具▣、渐变工具▣、橡皮擦工具▣、矩形工具▣、椭圆工具▣、文字工具▣等。

能力目标：

- 掌握修改画布大小的方法，改变当前文档的画布。
- 能根据需要对数码照片进行选取。
- 能使用路径工具绘制复杂的形状图层及对形状图层的合并。
- 修改图层的不透明度，改变图像的远近感。
- 能使用合适的图层样式为图层添加各种效果。
- 掌握图层盖印的方法和作用。

6.1 改变图像画布大小

（1）执行"文件→打开"命令，打开素材中的"沙滩.jpg"文件，执行"图像→画布大小"命令，把画布大小更改为宽度29.7厘米、高度21厘米，如图6-1所示。单击"确定"按钮，执行"文件→存储为"命令，保存文件并命名为"精彩瞬间.psd"。

（2）选择工具箱中的"矩形选框工具"，选择天空部分后按Delete键清除天空部分的图像；执行"编辑→变换→缩放"命令，对海滩部分的图像进行放大，使用移动工具调整其位置，如图6-2所示。

图6-1 "画布大小"对话框

图6-2 调整海滩图像

6.2 渐变图层修改天空和沙滩

（1）设置前景色为"#dacec1"、背景色为"#bdb395"，使用"矩形选框工具"在沙滩的下方绘制一个矩形选区，新建一个图层并命名为"沙滩渐变"。

（2）选择"渐变工具"，在其属性栏的渐变编辑器中设置"前景色到背景色"的渐变；渐变方式为"线性渐变"，按Shift键在"沙滩渐变"图层选区从上往下拉出渐变；执行"选择→取消选择"命令或按Ctrl+D组合键取消选择。

（3）使用"橡皮擦工具"，降低属性栏中的"不透明度"（40%）及"流量"（40%）值，擦除"沙滩渐变"图层的上边缘部分，使其与原来的沙滩更加融合。

（4）新建一个图层并命名为"天空"，把该图层置于最底层，用矩形选框工具绘制天空部分的选区。

（5）使用渐变工具，在其属性栏的渐变编辑器中设置四个色标颜色从左往右分别为"#88a4bc"、"#d1d9d6"、"#d9ba81"和"# d4b4ac"，如图6-3所示；渐变方式为"线性渐变"，在"天空"图层选区从上往下拉出渐变；执行"选择→取消选择"命令或按Ctrl+D组合键取消选择，如图6-4所示。

图 6-3 渐变编辑器界面

图 6-4 填充天空后的效果

（6）使用"钢笔工具" ，在其属性栏中设置为"形状"，填充色为黑色。在画布上勾勒出远处海岛的形状，这时会在图层面板中生成一个名为"形状 1"的图层，图层面板如图 6-5 所示，加入海岛后的效果如图 6-6 所示。

图 6-5 "形状 1"图层顺序

图 6-6 加入海岛后的效果

6.3 矩形工具绘制建筑物远景

（1）选择工具箱中的"矩形工具" ，在其属性栏中设置为"形状"、填充色为黑色，路径操作为"合并形状"，如图 6-7 所示。在海岛图层的下方勾勒出一些建筑的外形，并降低该图层的透明度，使其有在远处的效果，如图 6-8 所示。

图 6-7 "矩形工具"属性栏

图 6-8　加入远处建筑物的效果

（2）选择"椭圆工具" ，设置前景色为"#f6fbd9"，在建筑图层下方绘制一个圆，并执行"图层→图层样式→外发光"命令，添加图层样式参数如图 6-9 所示，此时的图层面板如图 6-10 所示，画面效果如图 6-11 所示。

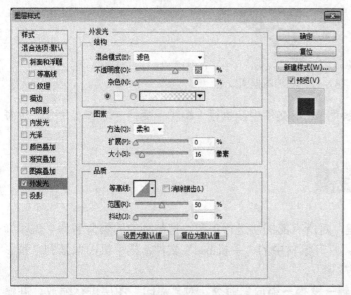

图 6-9　添加"外发光"图层样式

图 6-10　加入太阳图层后的图层顺序

图 6-11　加入"太阳"后的效果

（3）执行"文件→打开"命令，打开素材中的"人物.psd"文件，并把人物拖动到"精彩瞬间.psd"文件中置于顶层，执行"编辑→变换→缩放"，对人物进行缩放处理。

6.4　魔术橡皮擦抠取海鸥

（1）执行"文件→打开"命令，打开素材中的"海鸥.jpg"文件，选择工具箱中的"魔术橡皮擦"，单击天空部分，直到蓝色区域全部擦除，如图6-12所示。

图6-12　海鸥图抠图效果

（2）把抠出的海鸥拖到"精彩瞬间.psd"文件中，执行"编辑→变换→缩放"命令，对海鸥进行缩放处理。

6.5　盖印图层到手机屏幕

（1）按Ctrl+Shift+Alt+E组合键，对所有的图层进行盖印，把得到的图层命名为"盖印"。
（2）执行"文件→打开"命令，打开素材中的"手机.psd"文件，把手机图像拖到"精彩瞬间.psd"文件中置于"盖印"下方。
（3）对"盖印"图层执行"编辑→变换→缩放"命令，对"盖印"图层进行缩放，并移动到手机屏幕上，如图6-13所示。

图6-13　盖印后的效果

（4）在"手机"图层下方新建一个图层并命名为"条形渐变"，使用矩形选择工具在画面的右下角绘制出一个长条选区。

（5）修改前景色为"#b79e7b"，使用渐变工具，在其属性栏中设置渐变方式为"前景色到透明色"的渐变，渐变类型为"对称渐变"，从选区的中心往右拉出对称渐变（用相同方式修改前景色，可以多制作几条渐变），如图 6-14 所示。

图 6-14　增加渐变条效果

（6）使用文字工具 T ，在其属性栏中设置文字的字体、字号和文字颜色，输入文字"精彩瞬间"，按 Enter 键确认文字的输入。

（7）使用移动工具对文字位置进行调整，直到满意为止，最后效果如图 6-15 所示。

图 6-15　输入文字效果

6.6　Photoshop CC 相关知识

6.6.1　路径的基本操作

使用钢笔等工具绘制出路径后，可以在原有路径的基础上继续进行绘制，同时也可以对路径进行变换、描边、建立选区和定义为形状等操作。

1. 路径的运算

使用钢笔工具或形状工具创建多个路径时，可以在工具的属性栏中单击"路径操作"按钮，在弹出的下拉菜单中选择一种运算方式，以确定路径的重叠区域会产生什么样的交叉结果，如图6-16所示。

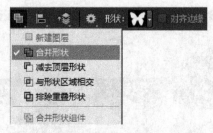

图6-16 路径运算

（1）**新建图层**：只有在钢笔工具或形状工具的选项未建立"形状"时使用，选择该选项可以新建形状图层，如图6-17所示，图层面板中有两个形状图层。

(a)"矩形1"图层　　　　(b)"矩形2"图层　　　　(c)图层面板

图6-17 新建图层运算效果及图层面板

（2）**合并形状**：新绘制的路径或形状图形添加到原来的路径或形状图形中，使其合并为一个路径或图形，如图6-18所示，图层面板中只有一个形状图层。

(a)"矩形1"图层　　　　(b)"矩形2"图层　　　　(c)图层面板

图6-18 合并形状运算效果及图层面板

（3）**减去顶层形状**：从原来的路径或形状中减去新绘制的路径或形状，如图6-19所示。

（4）**与形状区域相交**：可以得到新绘制的路径或形状与原来的路径或形状交叉的区域，如图6-20所示。

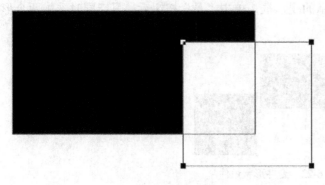 

（a）减去顶层形状运算效果　　　　　　　　　（b）图层面板

图 6-19　减去顶层形状运算效果及图层面板

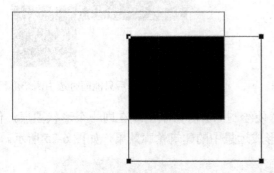 

（a）与形状区域相交运算效果　　　　　　　　（b）图层面板

图 6-20　与形状区域相交运算效果及图层面板

（5）**排除重叠形状**：可以得到新绘制的路径或形状与原来的路径或形状重叠部分以外的路径或形状，如图 6-21 所示。

（a）排除重叠形状运算效果　　　　　　　　　（b）图层面板

图 6-21　排除重叠形状运算效果及图层面板

（6）**合并形状组件**：可以合并重叠的形状组件。在未执行该操作前，路径或形状可以使用"路径选择工具"单独选择其中的一个形状，如图 6-22 所示。同时选中两个形状执行"合并形状组件"命令，弹出如图 6-23 所示的提示框，单击"是"按钮后，只能同时选中两个形状，如图 6-24 所示。

图 6-22　合并形状组件

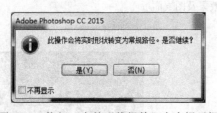

图 6-23　执行"合并形状组件"命令提示框

图 6-24　合并后只能同时选中两个形状

在矩形工具绘制建筑物远景中，为了使绘制的各种形状出现在同一个形状图层，使用了"合并形状"运算，经过多个矩形的叠加形成远景中的建筑轮廓效果，如图 6-25 所示。

图 6-25　合并形状运算绘制的建筑远景

2. 定义为自定义形状

以上的建筑物轮廓若觉得实用，以后还会用到，就可以执行"编辑→定义自定义形状"命令，将其定义为形状，如图 6-26 所示，将其命名为"建筑物"。

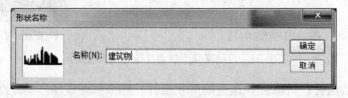

图 6-26　"形状名称"对话框

接着可以在"自定义形状工具" 的属性栏中找到定义的形状,如图 6-27 所示。

图 6-27　"自定义形状工具"属性栏

3．将路径转换为选区

使用钢笔工具或形状工具绘制出路径以后,可以通过三种方法将路径转换为选区。

（1）直接按 Ctrl+Enter 组合键将路径转换为选区。

（2）在路径上右击,在弹出的快捷菜单中选择"建立选区"命令,如图 6-28 所示。

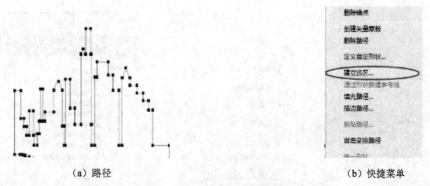

（a）路径　　　　　　　　　　　　　　（b）快捷菜单

图 6-28　利用快捷菜单将路径转换为选区

（3）在路径面板中单击"将路径转换为选区"按钮 ,如图 6-29 所示。

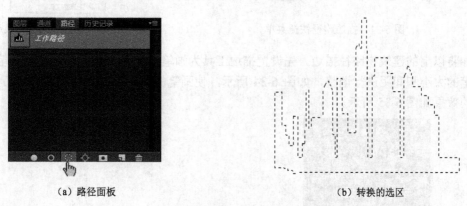

（a）路径面板　　　　　　　　　　　　（b）转换的选区

图 6-29　利用路径面板将路径转换为选区

4．填充路径

使用钢笔工具或形状工具绘制出路径以后,在路径上右击,在弹出的快捷菜单中选择"填充路径"命令,如图 6-30 所示,打开"填充路径"对话框,如图 6-31 所示,在该对话框中设置需要填充的内容。

5．描边路径

描边路径是一个重要的功能,在描边路径前要先设置好描边的工具的参数,如画笔、铅笔、橡皮擦等，然后在绘制好的路径上右击，在弹出的快捷菜单中选择"描边路径"命令，如图6-32所示。打开"描边路径"对话框，在该对话框中选择可以描边的工具，如图6-33所示。

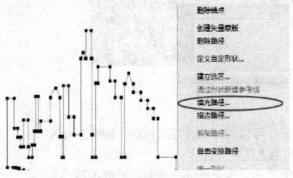
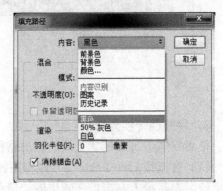

图6-30　填充路径快捷菜单　　　　　　　　图6-31　"填充路径"对话框

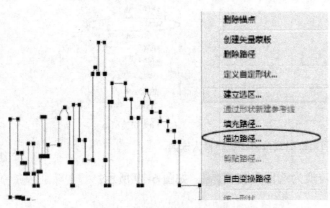

图6-31　描边路径快捷菜单　　　　　　　　图6-33　描边路径工具选择

如将以上的建筑物路径描边，先设置描边工具为画笔工具，执行"窗口→画笔"命令，对画笔的大小和间距进行调整，如图6-34所示，使画笔的笔触不再连续，用画笔工具描边路径后的效果如图6-35所示。

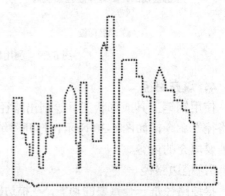

图6-34　描边路径画笔设置　　　　　　　　图6-35　描边路径后效果

6.6.2 创建文字的工具

1. 文字工具

文字工具属性栏如图 6-36 所示。

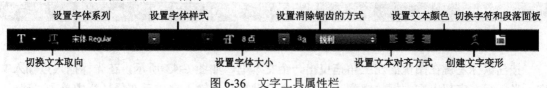

图 6-36 文字工具属性栏

2. 文字蒙版工具

文字蒙版工具包括"横排文字蒙版工具"和"竖排文字蒙版工具"。使用该工具输入文字后，文字是以选区的形式出现，如图 6-37 所示。在文字的选区中，可以填充单色也可以使用渐变工具填充渐变色，如图 6-38 所示。

图 6-37 文字蒙版工具创建的选区

图 6-38 填充文字选区后效果

3. 创建点文字

选择"竖排文字工具"，在其属性栏中设置字体为"微软雅黑"、字体大小为"100 点"、消除锯齿方式为"锐利"、字体颜色为棕色，如图 6-39 所示。

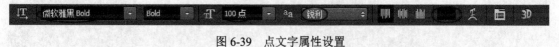

图 6-39 点文字属性设置

在画布中单击设置文字的插入点，如图 6-40 所示，然后输入文字"图形语言"，接着在属性栏中单击"确认"按钮或按 Enter 键确认输入的文字，如图 6-41 所示。

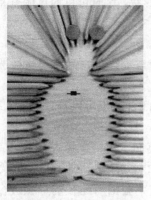
图 6-40 文字的插入点

图 6-41 输入文字后的效果

4．创建段落文字

选择"横排文字工具"，在其属性栏中设置字体为"宋体"、字体大小为"30 点"、消除锯齿方式为"锐利"、字体颜色为黑色，如图 6-42 所示。

图 6-42　段落文字属性设置

按住鼠标左键在图像的左上角拖曳出一个文本框，如图 6-43 所示，在光标插入点输入文字，当一行文字超出文本框的宽度时，文字会自动换行，输入完成后在属性栏中单击"确认"按钮或按 Enter 键确认操作，如图 6-44 所示。

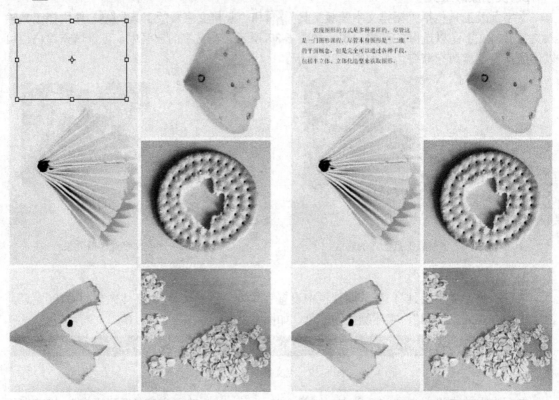

图 6-43　创建的文本框　　　　　　　　图 6-44　输入段落文字效果

当输入的文字过多时，文本框右下角的控点会变成⊞形状，这时可以通过调整文本框的大小让所有文字在文本框中显示。

5．路径文字

路径文字是指在路径上创建的文字，文字会沿着路径自动排列。当使用路径选择工具修改路径形状时，文字的排列方式也会随着发生改变。

使用钢笔工具在图像上绘制一条路径（此路径可以是闭合的也可以是开放的），如图 6-45 所示。

选择"横排文字工具"，在其属性栏中设置一种英文字体、字体大小为"60 点"、消除锯齿方式为"锐利"、字体颜色为橙色，将光标放在路径的起始位置处，当光标变成形状时，单击设置文字的插入点，输入文字，此时可以发现文字会沿着路径的形状进行排列，如图 6-46 所示。

图 6-45　创建弧形路径　　　　　　　　图 6-46　文字沿路径排列效果

思考与练习

按照提供的素材，把标志添加到咖啡杯中的咖啡上，如图 6-47 所示。

图 6-47　把标志添加到咖啡杯中的效果

项目 7

数码照片蝶变

本项目由多个实例组成。包括对数码照片的色阶、曲线、色相饱和度调整等色彩处理及数码照片的修复、人像美肤处理及证件照片处理和普通数码照片变成杂志封面的设计。

能力目标：

- 能熟练使用色阶、曲线等命令对数码照片进行色彩处理。
- 能使用新调整图层对图像进行色彩处理。
- 掌握证件照片处理的方法。
- 能熟练对人像照片进行美肤处理。
- 掌握人像抠图的方法，特别是头发的抠取。
- 掌握杂志封面文字的编排及处理。

7.1 风景照片色彩处理

7.1.1 色阶命令初步调整

（1）执行"文件→打开"命令，打开素材中的"湖面.jpg"文件。

（2）执行"图像→调整→色阶"命令或按 Ctrl+L 组合键，打开"色阶"对话框，如图 7-1 所示，把白色滑块和黑色滑块往中间移动，此时画面的高光增亮、阴影变暗，变得有层次。

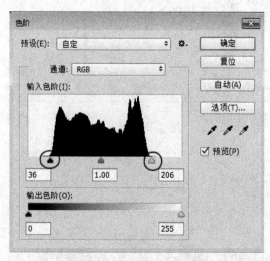

图 7-1　"色阶"对话框

7.1.2 曲线命令深度调整

（1）执行"图像→调整→曲线"命令或按 Ctrl+M 组合键，打开"曲线"对话框，按住 Ctrl 键的同时在画面的白云处单击，即在"曲线"对话框中生成一个黑色的点，如图 7-2 所示。

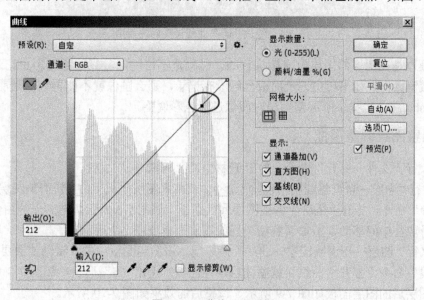

图 7-2　"曲线"对话框

（2）继续按住 Ctrl 键，单击画面中暗部（树林处），在"曲线"对话框的下方生成第二个点，如图 7-3 所示。把第一个点往上提，直到画面的高光部分效果合适的位置；把第二个点往下拉，使画面的阴影部分变暗到合适的效果。曲线调整后效果如图 7-4 所示，湖面最后调整效果如图 7-5 所示。

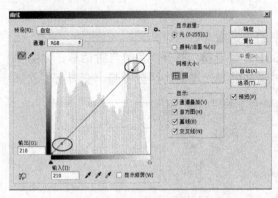
图 7-3　曲线对话框中生成的点

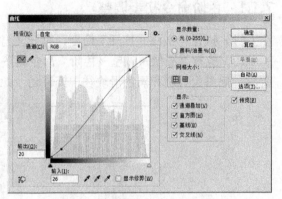
图 7-4　曲线拉出的"S"形状

图 7-5　经过色阶与曲线调整后的效果

以上操作是在图像的图层上直接执行的，过程是不可逆的，只能通过历史记录面板上的返回才能撤销操作，如果历史记录面板已经没有记录，那么图像就不能再恢复到前一步操作，因此 Photoshop CC 也提供了调整图层对图像进行色彩调整。

7.1.3　调整图层调整图像

（1）执行"文件→打开"命令，打开素材中的"椰树.jpg"文件。

（2）执行"图层→新调整图层→色阶"命令，或单击图层面板上的"新调整图层"按钮 ，选择"色阶"命令，打开"色阶"调整图层属性面板，如图 7-6 所示。把高光的白色滑块和阴影的黑色滑块往中间移动，增加调整图层后的图层面板如图 7-7 所示。

（3）执行"图层→新调整图层→曲线"命令或单击图层面板中的"新调整图层"按钮 ，选择"曲线"命令，打开"曲线"调整图层属性面板，调出"S"形状，如图 7-8 所示，增加曲线调整图层后的图层面板如图 7-9 所示，调整后的效果如图 7-10 所示。

图 7-6 "色阶"调整图层属性面板

图 7-7 新调整图层在图层面板中的位置

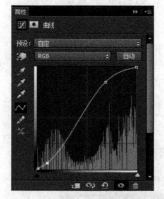

图 7-8 "曲线"调整图层属性面板

图 7-9 色阶与曲线新调整图层的图层面板

图 7-10 经过色阶与曲线调整后的效果

（4）继续执行"图层→新调整图层→可选颜色"命令，打开"可选颜色"调整图层属性面板，在颜色选择"白色"，如图 7-11 所示，在该选项中增加青色和洋红的值，减少黄色的值，经过这一步处理后的天空和湖面出现蓝色；继续在颜色选项中选择"黄色"，如图 7-12 所示，在该选项下增加青色的值，减少洋红和黄色的值，经过这一步的处理，草坪由黄色变成了绿色。

经过可选颜色调整图层后，效果如图 7-13 所示。

图 7-11　可选颜色为白色

图 7-12　可选颜色为黄色

图 7-13　经过可选颜色调整后的效果

（5）此时，若觉得图像的色彩对比不够强烈，可以在图层面板中单击"曲线"调整图层，如图 7-14 所示，在弹出的"曲线"调整图层属性面板中继续修改，如图 7-15 所示，使图像明暗对比更加强烈，色彩饱和度增加。

图 7-14　图层面板

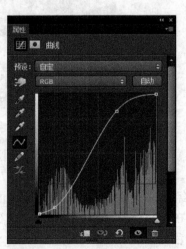
图 7-15　重新调整曲线调整图层

7.1.4 调整色偏图像

（1）执行"文件→打开"命令，打开素材中的"马路.jpg"文件，这是一张在车内拍的照片，透过玻璃拍出烈日下的路面，很显然图像色彩偏蓝色。

（2）执行"图层→新调整图层→色阶"命令，或按图层面板中的"新调整图层"按钮，选择"色阶"命令（为了便于后期的修改，这里使用了调整图层中的色阶，也可以使用图像调整菜单下的色阶命令），打开"色阶"调整图层属性面板，在该属性面板中选择设置白场的吸管工具，如图 7-16 所示，然后单击图像中的白场部分，色阶调整图层属性面板中的直方图显示如图 7-17 所示，图像也由原来的偏蓝色变成了正常色。

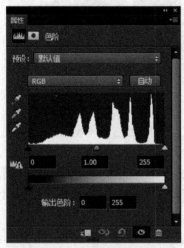

图 7-16　白场的吸管工具

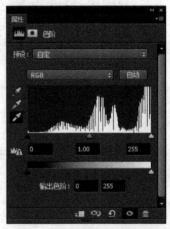

图 7-17　调整后的直方图

（3）为了增加图像的对比度，使高光区域变亮，阴影区域变暗，继续添加"曲线"调整图层。在"曲线"调整图层属性面板中，将曲线调整成"S"形状，如图 7-18 所示。此时的图层面板如图 7-19 所示，最后图像效果如图 7-20 所示。

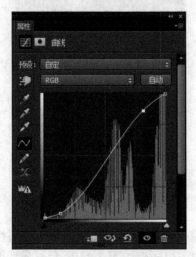

图 7-18　曲线调整的"S"形状

图 7-19　图层面板

图 7-20　最后效果

以上是用色阶命令来处理数码照片中的色偏问题，也可以用色彩平衡命令来处理色偏的照片。

（4）执行"文件→打开"命令，打开素材中的"昆虫.jpg"文件，这是一张白平衡设置失误的数码照片，非常明显的偏黄色。为了便于修改和恢复，还是使用新调整图层对图像进行处理。

（5）执行"图层→新调整图层→色彩平衡"命令，打开"色彩平衡"新调整图层的属性面板，色调选择"中间调"，然后增加蓝色值，减少绿色值，如图 7-21 所示；在色调中选择"高光"，增加蓝色的值，减少绿色的值，如图 7-22 所示。

图 7-21　色彩平衡"中间调"选项

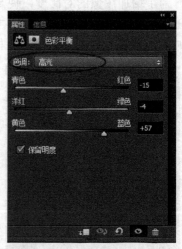

图 7-22　色彩平衡"高光"选项

（6）为了增加图像的对比度继续添加"曲线"调整图层。在"曲线"调整图层属性面板中，将曲线调整成"S"形状，如图 7-23 所示。此时的图层面板如图 7-24 所示，最后图像效果如图 7-25 所示。

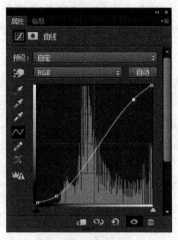

图 7-23　曲线调整的"S"形状

图 7-24　图层面板

图 7-25　最后图像效果

7.2　图像修复

（1）执行"文件→打开"命令，打开素材中的"大海.jpg"文件。

（2）选择工具箱中的"矩形选框工具"　，选中海面中需要去掉的内容，如图 7-26 所示。

（3）执行"编辑→填充"命令，弹出"填充"对话框，在该对话框中选择"内容识别"选项，选中"颜色适应"复选框，然后单击"确定"按钮，选中的部分就被填充成周围的色块。

（4）用相同的方法把其他需要修复的地方都用"内容识别"进行修复，修复后的图像效果如图 7-27 所示。

（5）单击图层面板中的"新调整图层"按钮　，选择"色阶"命令，调整参数如图 7-28 所示；继续添加新调整图层，选择"曲线"命令，调整参数如图 7-29 所示。

（6）为了去除海水黄色，添加新调整图层"可选颜色"，在"可选颜色"调整图层属性面板颜色选项中选择"黄色",参数的设置如图 7-30 所示;继续修改颜色选项为"绿色",参数的设置如图 7-31;修改颜色选项为"青色",参数的设置如图 7-32。

(a) 选择选区

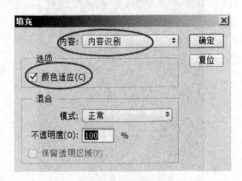
(b) 设置填充参数

图 7-26 内容识别"填充"对话框

图 7-27 修复后的效果

图 7-28 色阶调整

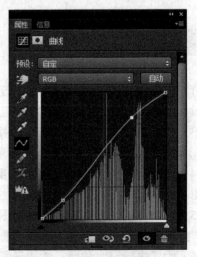

图 7-29 曲线调整

图 7-30　可选颜色为黄色

图 7-31　可选颜色为绿色

图 7-32　可选颜色为青色

经过色彩调整后的效果如图 7-33 所示，图层面板如图 7-34 所示。

图 7-33　色彩调整后的效果

图 7-34　色彩调整后的图层面板

7.3　人像美肤

7.3.1　使用修复画笔修复皮肤

（1）执行"文件→打开"命令，打开素材中的"生活照.jpg"文件。

（2）选择工具箱中的"污点修复画笔工具" ，在其属性栏中设置合适的画笔笔触大小，然后在脸部的斑点处单击，即可去除脸部较小的斑点。

（3）脸部较大的色块处理选择"修复画笔工具" ，按 Alt 键先在完好的皮肤处取样，松开 Alt 键后，在需要修复的地方涂抹画笔，即可修复较大区域的色块，修复后的效果如图 7-35 所示。

图 7-35　皮肤修复后的效果

7.3.2 使用裁剪工具裁剪图像

（1）选择工具箱中的"裁剪工具" ，在其属性栏中设置裁剪的宽度为 2.5 厘米、高度为 3 厘米、分辨率为 300 像素/英寸，如图 7-36 所示。对图片裁剪保留头像部分，如图 7-37 所示，按 Enter 键确认裁剪，如图 7-38 所示，对图像进行存储。

图 7-36　"裁剪工具"属性栏　　　　　图 7-37　使用裁剪工具裁剪

（2）为了便于下一步更改画布拓展，执行"图层→拼合图像"命令。

（3）执行"图像→画布大小"命令，打开"画布大小"对话框，设置画布宽度为 2.96 厘米、高度为 4.23 厘米、画布拓展颜色为白色，如图 7-39 所示。

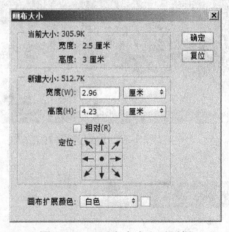

图 7-38　裁剪后效果　　　　　　　　图 7-39　"画布大小"对话框

7.3.3 证件照片处理

（1）执行"选择→全部"命令或按 Ctrl+A 组合键全选图像。

（2）执行"编辑→定义图案"命令，弹出如图 7-40 所示的对话框，单击"确定"按钮，把裁剪后的人像定义为图案。

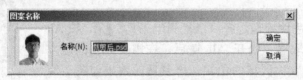

图 7-40　"图案名称"对话框

（3）执行"文件→新建"命令或按 Ctrl+N 组合键新建文件，在打开的"新建"对话框中设置文件宽度为 11.8 厘米、高度为 12.69 厘米、分辨率为 300 像素/英寸、颜色模式为"RGB 颜色"，如图 7-41 所示。

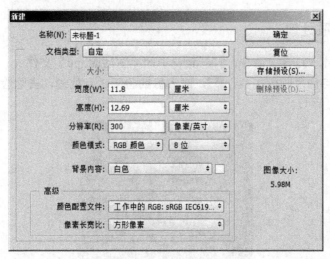

图 7-41　"新建"对话框

（4）在工具箱中选择"油漆桶工具"，在其属性栏中设置填充为"图案"，在"图案"中选择自定义图案"裁剪后"，如图 7-42 所示。

图 7-42　"油漆桶工具"属性栏

（5）用油漆桶工具在新建的画面中单击填充，最后效果如图 7-43 所示。

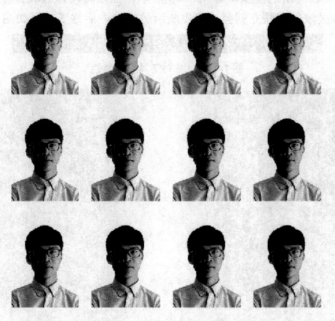

图 7-43　填充后的效果

7.4 杂志封面人物处理

7.4.1 对人像美肤处理

（1）执行"文件→打开"命令，打开素材中的"生活照.jpg"文件。

（2）选择"污点修复画笔工具" ，对人像的脸部进行处理，去除脸部较小的痣，处理后的效果如图7-44所示。

图7-44 使用"污点修复画笔"处理后的效果

（3）选择"修补工具" ，在该工具的属性栏中设置"从源修补目标"，如图7-45所示，选择脸部选区一块比较光滑的皮肤，如图7-46所示，然后移动该区域到需要修复的部分，如图7-47所示，目标区域的皮肤立刻会被源皮肤所替换，最后修复效果如图7-48所示。

图7-45 "修补工具"属性栏

图7-46 选择的源皮肤

图7-47 移动到目标区域皮肤

图 7-48　修复后的效果

7.4.2　抠取人像

（1）选择工具箱中的"快速选择工具" ，对人像部分做一个初步的选区，如图 7-49 所示。

（2）在属性栏中单击"调整边缘"按钮，设置视图为"白色背景下查看选区"，设置智能半径及对选区进行平滑，参数的设置如图 7-50 所示，此操作主要是为了抠取头发的发丝部分。

图 7-49　快速选择工具建立选区

图 7-50　"调整边缘"对话框

（3）单击"确定"按钮，确认选区的调整操作，然后执行"编辑→拷贝"命令。

（4）执行"文件→新建"命令，新建一个 A4 大小的文件，命名为"杂志封面"，背景内容为白色，如图 7-51 所示，单击"确定"按钮。

（5）在新建的"杂志封面.psd"文件上执行"编辑→粘贴"命令，把抠取的人像复制到此文件中，选择"橡皮擦工具" ，在人像的周围部分进行擦除，使人像更加完整。

（6）为了使人像肤色显得红润，在人像图层上添加新调整图层"可选颜色"，调整图层属性面板颜色中选择"红色",参数的设置如图7-52所示。

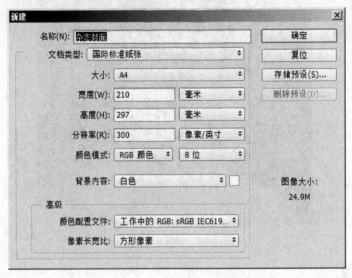

图7-51 "新建"对话框

(7)为了使皮肤更加光滑,可以继续选用"模糊工具"，对脸部进行进一步的模糊处理,如图7-53所示。

图7-52 "可选颜色"新调整图层属性面板

图7-53 经过模糊工具处理后的皮肤

7.4.3 杂志封面合成

(1)安装字体,可以下载自己喜欢的字体也可以安装素材中提供的字体。再次启动Photoshop CC软件的时候,选择文字工具就能在字体样式中找到安装的字体。

(2)在"杂志封面.psd"文件中,新建一个组并命名为"文字",在该组中输入需要的文字,图层面板如图7-54所示,文字效果如图7-55所示。

(3)新建一个Photoshop CC默认大小的文件,内容为白色,执行"滤镜→杂色→添加杂色"命令,参数的设置如图7-56所示。

(4)选择工具箱中的"矩形选框工具"，在其属性栏中设置样式为"固定大小"、宽度为1像素、高度为64像素,如图7-57所示。

图7-54 加入文字后的图层面板

图7-55 加入文字后的封面效果

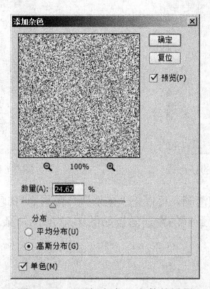
图7-56 "添加杂色"参数的设置

图7-57 "矩形选框工具"属性栏

（5）用矩形选框工具 在画布上单击后就能建立一个1像素×64像素的选区，执行"编辑→定义图案"命令。

（6）在"杂志封面.psd"文件中，选择矩形选框工具，在其属性栏中设置样式为"正常"，在画布的左下角框选出条形码大小的区域，在图层面板中新建一个图层并命名为"条形码"，执行"编辑→填充"命令，弹出"填充"对话框，如图7-58所示，内容选择"图案"（选项中选区刚才定义的图案），单击"确定"按钮，确认填充，效果如图7-59所示。

（7）在"条形码"图层下方新建一个图层并命名为"白色区域"，建立一个比条形码区域稍大的选区，填充白色，如图7-60所示。选择"横排文字工具" ，在条形码右侧白色区域内输入条形码，如图7-61所示。

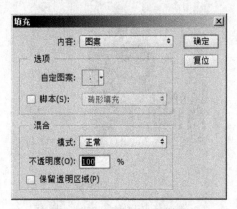
图 7-58 "填充"对话框

图 7-59 填充图案后的条形码

图 7-60 加入白色背景的条形码

图 7-61 输入数字的条形码

(8) 为了使图层面板更加清晰,可以把"条形码"图层、"白色区域"图层及"条形码文字"图层编组到"条形码"组中。最后的图层面板如图 7-62 所示,杂志封面效果如图 7-63 所示。

图 7-62 最后的图层面板

图 7-63 杂志封面最后效果

7.5 Photoshop CC 相关知识

7.5.1 快速调整图像色彩命令

1. 亮度/对比度

"亮度/对比度"是调整图像亮度和对比度的一种快捷方法,在快速修复曝光不足或曝光过度的照片时非常有用。该命令会对每个像素进行相同程度的调整,改变亮度,会使整个图像变亮或变暗;改变对比度,则会减少图像细节。

对如图 7-64 所示的图像进行亮度/对比度处理,执行"图像→调整→亮度/对比度"命令,打开"亮度/对比度"对话框,如图 7-65 所示,设置"亮度"为"100",使图像变亮,显示出更多细节;设置"对比度"为"70",使建筑色彩鲜艳,如图 7-66 所示。经过亮度/对比度调整后的图像效果如图 7-67 所示。

图 7-64 原图

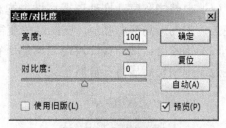

图 7-65 亮度的设置

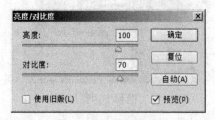

图 7-66 对比度的设置

图 7-67 亮度/对比度处理后的效果

2. 自然饱和度

"自然饱和度"用于调整颜色饱和度,它可以在颜色接近最大饱和度时防止出现溢色,非常适合处理人像照片,可以避免皮肤颜色过于饱和而不自然。

打开一张人像照片，如图 7-68 所示，执行"图像→调整→自然饱和度"命令，打开"自然饱和度"对话框，如图 7-69 所示。对话框中有两个滑块，向左拖动可以降低颜色的饱和度，向右拖动可以增加颜色的饱和度。

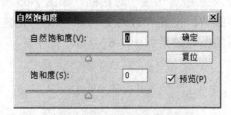

图 7-68　人像原图　　　　　　　　　　图 7-69　"自然饱和度"对话框

（1）自然饱和度：拖动该滑块增加饱和度时，Photoshop CC 不会生成过于饱和的颜色。即使是调整到最高饱和度值，皮肤颜色变得红润以后，仍然能保持自然效果，如图 7-70 所示。

（2）饱和度：拖动该滑块可以增加所有颜色的饱和度，如图 7-71 所示，可以看到皮肤的颜色过于饱和反而显得不自然了。

图 7-70　自然饱和度调整后的效果　　　　图 7-71　饱和度调整后的效果

3．色彩平衡

"色彩平衡"命令可以调整各种色彩之间的平衡。它将图像分为高光、中间调和阴影三种色调，可以调整其中一种或两种色调，也可以调整全部色调的颜色，可以只调整高光色调中的红色，而不会影响中间调和阴影中的红色。

打开一幅色偏图像,如图 7-72 所示,执行"图像→调整→色彩平衡"命令,调整"中间调"的参数,减少中间调的红色,如图 7-73 所示。

图 7-72　色偏图像原图　　　　　　　　　图 7-73　色彩平衡处理后的效果

4. 照片滤镜

"照片滤镜"可以模拟彩色滤镜,调整通过镜头传输的光的色彩平衡和色温,对于调整数码照片特别有用。

打开一张婚纱照,如图 7-74 所示,执行"图层→新建调整图层→照片滤镜"命令,在"滤镜"下拉列表框中选择"黄"选项,设置"浓度"为 100%,选中"保留明度"复选框,模拟出在相机镜头前加装黄色滤镜所拍出的色彩效果,如图 7-75 所示;添加紫色滤镜的效果如图 7-76 所示。

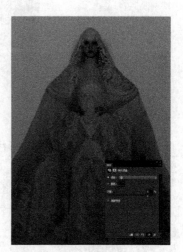

图 7-74　婚纱照原图　　　图 7-75　加黄色滤镜后的效果　　　图 7-76　加紫色滤镜后的效果

5. 变化

"变化"命令是一个既简单又直观的图像调整工具,只需单击图像的缩略图就可以调整色彩、饱和度和明度,是一个适合初学者使用的命令。

打开一幅素材图像,如图 7-77 所示,执行"图层→新建调整图层→变化"命令,打开"变化"对话框,如图 7-78 所示,在对话框的顶部选择一个要调整的色调(选择"中间色调"),然后单击 2 次"加深红色"缩略图,再单击一次"加深青色"缩略图,执行后效果如图 7-79 所示。

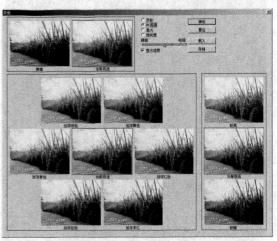

图 7-77　素材图像原图　　　　　　　　　图 7-78　"变化"对话框

图 7-79　变化处理后的效果

6. 去色

"去色"命令可以删除彩色图像的颜色信息,将图像转换为黑白效果,但不会改变图像的颜色模式。

打开一幅人像素材,如图 7-80 所示,按下 **Ctrl+J** 组合键复制背景图层。执行"图像→调整→去色"命令,将图像转换为黑白颜色,删除色彩信息,得到黑白照片效果,如图 7-81 所示。

7. 色调均化

"色调均化"不但可以重新分布像素的亮度值,将最亮的值调整为白色,最暗的值调整为黑色,中间的值分布在整个灰度范围中,使它们均匀地呈现所有范围的亮度(0~255),还可以增加那些颜色相近的像素间的对比度。

打开一个素材,如图 7-82 所示,执行"图像→调整→色调均化"命令,均匀分布像素,效果如图 7-83 所示。

图 7-80　人像素材原图　　　　　　　　　　图 7-81　去色处理后的效果

图 7-82　素材原图　　　　　　　　　　图 7-83　色调均化处理后的效果

7.5.2　调整颜色与色调命令

1. 色阶

"色阶"命令可以调整图像的阴影、中间调和高光的强度，校正色调范围和色彩平衡。打开一幅图像素材，执行"图像→调整→色阶"命令，打开"色阶"对话框，如图 7-84 所示。

（1）预设：该下拉列表框中包含了 Photoshop CC 提供的预设调整文件，如图 7-85 所示，选择一个文件，即可对图像自动应用调整。

（2）通道：在该下拉列表框中可以选择要调整的通道，调整通道会影响图像的色彩。

（3）输入色阶：用来调整图像的阴影（左侧滑块）、中间调（中间滑块）和高光区域（右侧滑块）的范围。可以拖动滑块或在滑块下面的文本框中输入数值进行调整，向左侧移动滑块，可以使对应的色调变亮，反之则变暗。

（4）输出色阶：用来限定图像的亮度范围，拖动亮部或暗部滑块，或者在滑块下面的文本框中输入数值，可以降低色调的对比度。

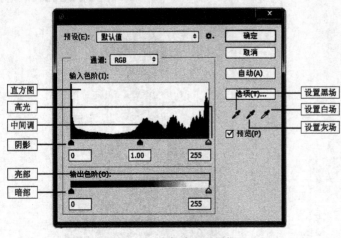

图 7-84 "色阶"对话框　　　　图 7-85 色阶预设选项

（5）**吸管工具**：用"设置黑场工具" 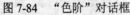 在图像中单击，可以使图像中比该点深的色调变为黑色；用"设置白场工具"在图像中单击，可以使图像中比该点浅的色调变为白色；用"设置灰场工具"在图像中单击，可以根据单击点的像素的亮度来调整其他中间色调的平均亮度。它常用来校正色偏的图像。

（6）**自动**：单击该按钮，可以自动完成颜色和色调的调整，使图像的亮度分布更加均匀。

（7）**选项**：单击该按钮，可以打开"自动颜色校正选项"对话框，在该对话框中，可以设置黑色像素和白色像素的比例。

2．曲线

"曲线"是强大的调整工具，具有调整"色阶"、"阈值"、"亮度/对比度"等功能。打开一个文件，执行"图像→调整→曲线"命令，打开"曲线"对话框，如图 7-86 所示。

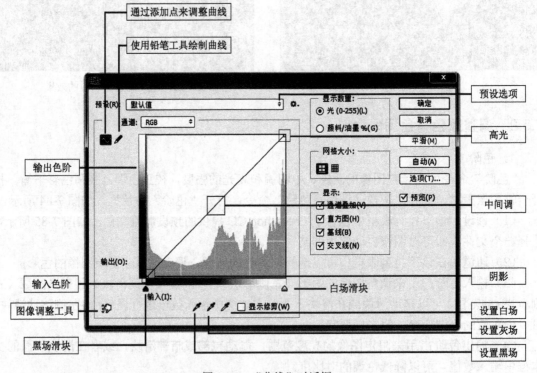

图 7-86 "曲线"对话框

（1）**预设**：在该下拉列表框中包含了 Photoshop CC 提供的预设调整文件，如图 7-87 所示，它们可以对图像自动应用调整。打开如图 7-88 所示的素材，使用预设下"负片"后的效果如图 7-89 所示。

（2）**通道**：在该下拉列表框中可以选择需要调整的通道，调整通道会影响图像的颜色。

（3）**通过添加点来调整曲线**：单击该按钮后，在曲线中单击，可以添加新的控制点，拖动控制点改变曲线的形状，即可调整图像色彩。

图 7-87　曲线预设选项

图 7-88　原图

图 7-89　使用预设下"负片"后的效果

（4）**使用铅笔工具绘制曲线**：单击该按钮后，可以在对话框中绘制手绘效果的自由曲线，如图 7-90 所示。绘制曲线后，单击对话框中的按钮，可以在曲线上显示控制点，如图 7-91 所示；单击"平滑"按钮，可以平滑曲线，如图 7-92 所示。

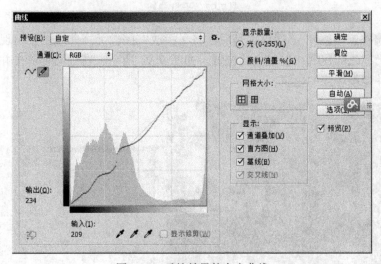

图 7-90　手绘效果的自由曲线

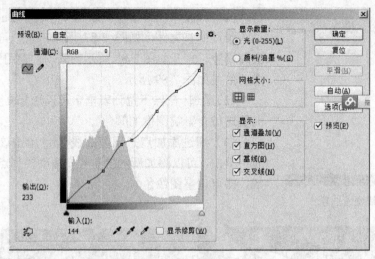

图 7-91　曲线上显示控制点

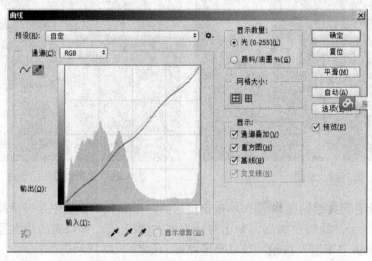

图 7-92　平滑曲线

（5）**图像调整工具**：选择该工具后，将光标放在图像上，曲线上会出现一个空的圆形图形，它代表光标处的色调在曲线上的位置，如图 7-93 所示。在画面中单击并拖动鼠标，可以添加控制点并调整相应的色调。

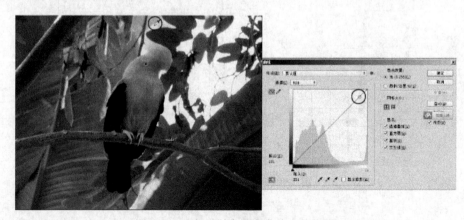

图 7-93　光标处的色调在曲线上的位置

在画面的深色部分单击同样生成一个控制点,拖动两个控制点的位置,经过曲线处理后的效果如图7-94所示。

图7-94 经过曲线处理后的效果

3．色相/饱和度

"色相/饱和度"命令可以对色彩的三种属性(色相、饱和度、明度)进行调整。它既可以单独调整单一颜色的色相、饱和度和明度,也可以同时调整图像中所有颜色的色相、饱和度和明度。

打开一个素材,如图7-95所示,执行"图层→新建调整图层→色相/饱和度"命令,在新调整图层属性面板中选择"绿色"选项,增加"饱和度"和"明度"的值,如图7-96所示。

图7-95 素材原图

图7-96 色相/饱和度处理后的效果

4．阴影/高光

"阴影/高光"命令是为突出照片中曝光不足或曝光过度的细节而设计的。

打开一个素材,如图7-97所示,执行"图像→调整→阴影/高光"命令,打开"阴影/高光"面板,如图7-98所示。

(1)**阴影选项组**:可以将阴影区域调亮。拖动滑块可以控制调整强度,越往右数值越大,阴影区域越亮。"色调"宽度用来控制色调的修改范围,较小的值只对较暗的区域进行校正,较大的值会影响更多的色调。"半径"可以控制每个像素周围局部相邻像素的大小,相邻像素决定了像素是在阴影中还是在高光中。

(2)**"高光"选项组**:可以将高光区域调暗。拖动滑块越往右数值越大,高光区域越暗;

"色调"宽度可以控制色调的修改范围,较小的值只对较亮的区域进行校正,较大的值会影响更多的色调。"半径"可以控制每个像素周围局部相邻像素的大小。

图 7-97　素材原图

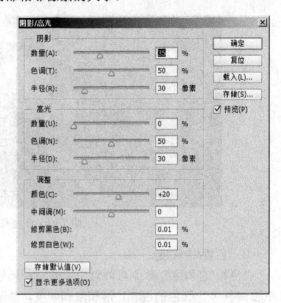

图 7-98　"阴影/高光"面板

（3）**颜色校正**：可以调整已更改区域的色彩。

（4）**中间调**：用来调整中间的对比度。向左侧拖动滑块会降低对比度,向右侧拖动滑块则增加对比度。

（5）**修剪黑色/修剪白色**：可以指定在图像中将多少阴影和高光剪切到新的极端阴影和高光颜色,该值越高,图像的对比度越强。

（6）**存储默认值**：可以将当期参数的设置存储为预设,再次打开"阴影/高光"对话框时,会显示该参数。

（7）**显示更多选项**：选中该复选框,可以显示全部选项。

7.5.3　匹配/替换/混合颜色命令

1. 通道混合器

在"通道"面板中,各个颜色通道保存着图像的色彩信息。调整颜色通道的明度,就会改变图像的颜色,"通道混合器"可以通过修改颜色通道混合信息,修改颜色通道中的光线量,影响其颜色含量,从而改变颜色。

打开一个素材,如图 7-99 所示,执行"图像→调整→通道混合器"命令,分别将输出通道设置为红、蓝、绿,设置参数如图 7-100 所示。经过调整后的效果如图 7-101 所示。

图 7-99　素材原图

2. 可选颜色

"可选颜色"命令是通过调整印刷油墨的含量来控制颜色,使用"可选颜色"命令可以有选择性地修改主要颜色中印刷色的含量,但不会影响其他主要颜色。

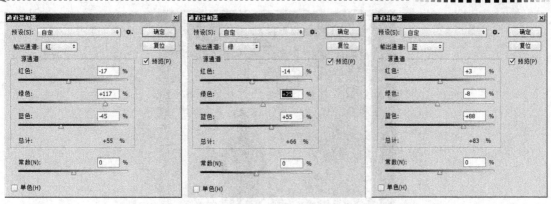

（a）"输出通道"为"红"　　　（b）"输出通道"为"绿"　　　（c）"输出通道"为"蓝"

图 7-100　"通道混合器"的参数设置

打开一个素材，如图 7-102 所示，执行"图像→调整→可选颜色"命令，在颜色下拉列表框中选择"白色"选项，在选中"相对"单选按钮，参数的设置如图 7-103 所示，其他色卡的修改参数如图 7-104 所示。经过"可选颜色"调整后的效果如图 7-105 所示。

图 7-101　经通道混合器处理后的效果　　　　　图 7-102　素材原图

图 7-103　"白色"选项　　　　图 7-104　其他颜色选项参数的设置
　　　　　参数的设置

图 7-105　"可选颜色"调整后的效果

3. 匹配颜色

"匹配颜色"命令可以将一个图像的颜色与另一个图像的颜色相匹配,比较适合使多个图像的颜色保持一致。

打开两个素材文件,如图 7-106 所示,在"花"的文件上执行"图像→调整→可匹配颜色"命令,打开"匹配颜色"对话框,如图 7-107 所示。

(a)"花"素材一　　　　　　　　　　　　(b)"花"素材二

图 7-106　匹配颜色处理的原图

设置"渐隐"选项为"40",在"源"下拉列表框中选择"匹配颜色 1.jpg",经过"匹配颜色"处理后的效果如图 7-108 所示。

4. 替换颜色

"替换颜色"命令可以选中图像中的某种颜色,修改其色相、饱和度和明度。

打开一个素材,如图 7-109 所示,执行"图像→调整→替换颜色"命令,打开"替换颜色"面板,如图 7-110 所示,使用吸管工具在图像的雨伞部分吸取,继续使用 🖊 工具直到完整的雨伞被选中,然后修改面板中的色相及饱和度的值,使雨伞的颜色替换为橙色,效果如图 7-111 所示。

数码照片蝶变 项目7

图 7-107 "匹配颜色"对话框

图 7-108 匹配颜色处理后的效果

图 7-109 素材原图

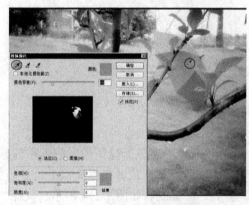

图 7-110 "替换颜色"面板

(a) 修改参数

(b) 修改参数后的效果

图 7-110 替换颜色处理后的效果

117

7.5.4 调整特殊色调

1. 反相

"反相"可以将图像中的颜色和亮度全部翻转。

打开一个素材,如图 7-112 所示,执行"图像→调整→反相"命令,效果如图 7-113 所示。

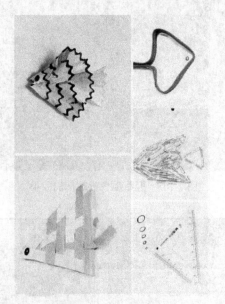
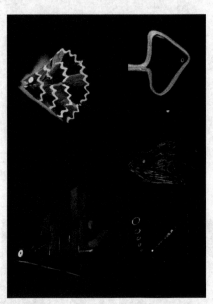

图 7-112　素材原图　　　　　　　　　图 7-113　反相处理后的效果

2. 阈值

"阈值"命令可以删除图像中的色彩信息,将其转化为只有黑色和白色两色。该命令可以用于制作单色照片,或者模拟类似手绘效果的线稿。

打开一个素材,如图 7-114 所示,执行"图像→调整→阈值"命令,打开"阈值"对话框,如图 7-115 所示。

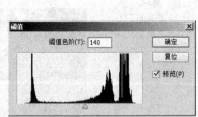

　　　　　　　　　　　　　　　（a）"阈值"对话框　　　　（b）处理后的效果

图 7-114　素材原图　　　　　　图 7-115　"阈值"对话框及处理效果

3. 渐变映射

"渐变映射"命令可以将图像转为灰度,再用设定的渐变色替换图像中的各级灰度。

打开一个素材,如图 7-116 所示,执行"图像→调整→渐变映射"命令,在"渐变编辑器"对话框中选择渐变名称为"色谱",应用渐变映射后的效果如图 7-117 所示。

图 7-116　素材原图

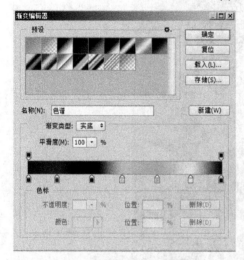

（a）"渐变编辑器"对话框　　　　　　　　　　（b）渐变映射处理后的效果

图 7-117　"渐变映射"对话框及处理效果

思考与练习

为素材中的人物调整颜色并抠取图像，图 7-118（a）所示的是素材、图 7-118（b）所示的是调整后的效果。

（a）　　　　　　　　　　　　　　　　　　　（b）

图 7-118　素材与效果

项目 8

图像合成的秘密

利用图层蒙版和图层模式抠取人像，掌握图层蒙版的作用及实现的方法；利用矢量蒙版，为模特人物图像加入装饰物，并且使加入的装饰物融入到图像中，掌握矢量蒙版的作用和路径的关系；使用图层样式制作图像的背景，掌握图层样式的使用及参数的设置。

能力目标：

- 掌握利用图层模式、图层蒙版抠取有发丝的人物图像。
- 利用图层样式制作图像的背景纹理。
- 掌握矢量蒙版的使用方法。
- 掌握使用画笔工具及加深工具为图像添加阴影。

8.1 利用蒙版图层和图层模式抠图

（1）执行"文件→打开"命令，打开素材中的"人物.jpg"文件，在图层面板中双击"背景"图层使其变为可编辑的普通图层，把图层命名为"人物"。执行"文件→存储"命令，保存文件并命名为"时尚牛仔.psd"。

（2）拖动"人物"图层到新建按钮，对图层进行复制，得到"人物 拷贝"图层。

（3）在"人物"图层下方新建一个空白图层并命名为"背景"，设置前景色为白色，背景色为"#60d146"，选择工具箱中的"渐变工具" ，在其属性栏中设置渐变编辑器为"前景色到背景色"的渐变，渐变方式为"径向渐变"。在"背景"图层从中心向外拉出一渐变。此时的图层面板如图8-1所示。

（4）在"人物"图层上方新建一个空白图层，并选取原图背景中最暗的颜色为前景色（这个图中最暗的在最右上角），填充空白图层，然后执行"图像→调整→反相"命令，把填充的图层进行反相处理，并把该图层的模式更改为"颜色减淡"。

（5）把该图层与"人物"图层合并，并更改图层模式为"正片叠底"。这时候隐藏"人物 拷贝"图层，就能看到人物在从白色到绿色的渐变背景中，如图8-2所示。

图8-1 图层顺序

图8-2 人物在从白色到绿色的渐变背景中

（6）为了使肤色、头发及服饰恢复原来的颜色，在"人物 拷贝"图层建立图层蒙版，执行"图层→图层蒙版→显示全部"命令或者在图层面板的下方单击"建立图层蒙版"按钮 ，为"人物 拷贝"图层建立蒙版图层，图层面板如图8-3所示。

（7）设置前景色为黑色，选择工具箱中的"画笔工具" ，在蒙版图层上涂抹出背景；在人物的边缘部分，为了增加环境色的影响，可以降低画笔的不透明度和流量值，轻轻涂抹，若涂的区域过大，可以把前景色更改为白色重新修改；反复涂抹直到满意为止，最后效果如图8-4所示。

图 8-3　新建蒙版图层后的图层面板　　　　　图 8-4　抠图效果

8.2　利用图层样式为背景增加纹理

为体现牛仔的纹理效果，在背景图层上增加类似的纹理。

在图层面板中单击"背景"图层，以确认当前的操作图层为该图层，执行"图层→图层样式→图案叠加"命令或单击图层面板下方的"图层样式"按钮 fx.，并选择"图案叠加"图层样式，弹出如图 8-5 所示的对话框，设置混合模式为"叠加"、图案为"水平排列"，为了使纹理更加细腻，在缩放处把滑块移动到 27% 左右，图层面板及效果如图 8-6 所示。

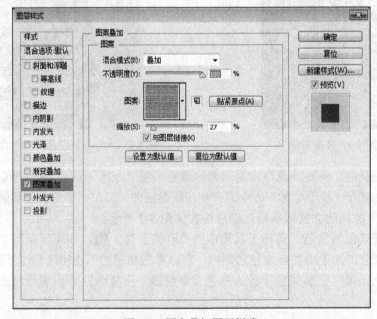

图 8-5　图案叠加图层样式

（a）图层面板　　　　　　　　　　　　　（b）设置参数后的效果

图 8-6　图层面板及效果

8.3　建立矢量蒙版

（1）打开素材中的"蔓藤.psd"文件，把蔓藤拖放到"牛仔时尚.psd"文件中，并利用移动工具，把蔓藤拖放到左侧的口袋上方，如图 8-7 所示。

（2）为了让蔓藤在手的下方，建立路径，该路径区域就是蔓藤显示的区域。选择"钢笔工具" ，在其属性栏中确认建立的是路径，在画布上建立路径，如图 8-8 所示（为突出路径把"蔓藤"图层隐藏的效果）。

图 8-7　蔓藤放置的位置　　　　　　　　　图 8-8　钢笔工具建立路径

（3）在图层面板单击"蔓藤"图层以确认该图层为当前操作图层，执行"图层→矢量蒙版→当前路径"命令，如图 8-9 所示；为"蔓藤"图层增加一个矢量蒙版图层，即显示前一步所建立的路径区域内容，显示效果及图层面板如图 8-10 所示。

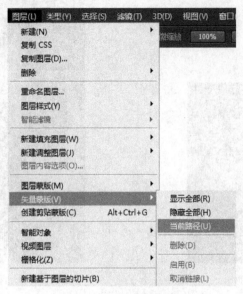

图 8-9 建立矢量蒙版菜单

（a）图层面板

（b）添加矢量蒙版后的效果

图 8-10 添加矢量蒙版后的图层及效果

8.4 利用加深工具添加层次

（1）为了突出蔓藤在手的下方，需要给蔓藤添加暗部颜色增加蔓藤的层次。选择工具箱中的"加深工具" ，在其属性栏中设置好画笔大小，设置范围为"中间调"、曝光度为"12%"，如图 8-11 所示。

图 8-11 "加深工具"属性栏

在蔓藤的上方涂抹，直到出现暗部色调为止，如图 8-12 所示。

图 8-12　加深工具添加阴影

（2）打开素材中的"相片.psd"文件，拖到"牛仔时尚.psd"文件中，并利用移动工具把相片移动到牛仔裤的右侧口袋上。执行"编辑→变换→缩放"和"编辑→变换→旋转"命令，对相片进行调整直到满意为止，如图 8-13 所示。

（3）为使相片有装在口袋中的效果，继续使用路径及矢量蒙版。使用钢笔工具创建如图 8-14 所示的路径（隐藏"相片"图层的效果）。

图 8-13　相片摆放位置

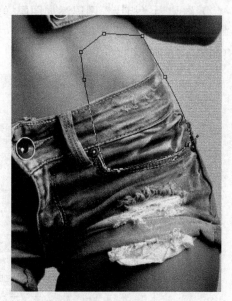

图 8-14　建立相片图层的路径

（4）在图层面板中单击"相片"图层以确认该图层为当前操作图层，执行"图层→矢量蒙版→当前路径"命令，为"相片"图层创建矢量蒙版，图层面板及效果如图 8-15 所示。

（a）图层面板　　　　　　　　　　（b）创建矢量蒙版后的效果

图 8-15　相片图层创建矢量蒙版

8.5　利用画笔工具添加层次

（1）为了增加相片在口袋中的效果，需要在相片的下半部分添加阴影增加图像的层次。单击图层面板上方"锁定透明区域"按钮，锁定"相片"图层的透明区域，选择画笔工具，设置前景色为黑色，修改画笔的大小，降低"不透明度"及"流量"的值，在口袋附近的相片处用画笔涂抹出暗部效果。

（2）继续为"相片"图层添加图层样式，增加相片在牛仔裤上的投影。执行"图层→图层样式→投影"命令或者单击图层面板下方的"图层样式"按钮，并选择"投影"命令，弹出如图 8-16 所示的对话框。

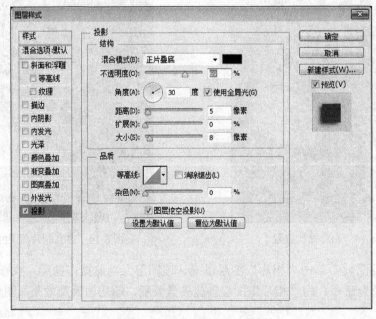

图 8-16　"图层样式"对话框

（3）选择工具箱中的"文字工具"，输入文字，最后的效果如图 8-17 所示。

图 8-17　最后效果

8.6　Photoshop CC 相关知识

8.6.1　通道

1．通道的概念

在 Photoshop CC 中通道的作用是举足轻重的。通道主要用来保存图像的颜色信息，通道分为三类：原色通道、Alpha 通道和专色通道。

（1）**原色通道**：是用来保存图像颜色数据的。例如，RGB 颜色模式的图像，它的颜色数据分别保存在红、绿、蓝通道中，这 3 个颜色通道合成一个 RGB 主通道，如图 8-18 所示。

若改变红、绿、蓝通道中任一通道的颜色数据，都会影响到 RGB 主通道中的颜色，图 8-19 所示的是对原图的蓝通道用曲线命令调整后的效果。

（2）**Alpha 通道**：它是用户添加的通道，建立的选区作为蒙版保存到 Alpha 通道中，也可以通过 Alpha 通道的编辑来修改选区。

（3）**专色通道**：在印刷时使用一种特殊的混合油墨替代或附加到图像的 CMYK 油墨中，是一种特殊用途的通道。

(a)使用原色通道图像效果　　　　　　　　(b)"通道"面板

图 8-18　RGB 模式图像的通道

(a)调整通道后的效果　　　　　　　　(b)对原图的蓝通道用曲线命令调整

图 8-19　通道的颜色数据修改影响 RGB 主通道

2. 通道面板

执行"窗口→通道"命令，可以显示通道面板，如图 8-20 所示。

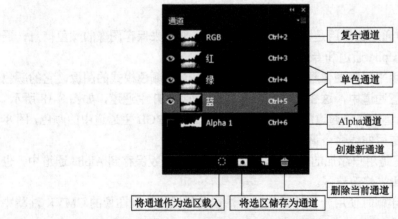

图 8-20　"通道"面板

8.6.2 蒙版

在 Photoshop CC 中处理图像时,往往需要隐藏一部分图像使它们不显示,蒙版就是这样的工具。蒙版可以遮盖住处理图像中的一部分或者全部。

在 Photoshop CC 中,蒙版分为快速蒙版(在 4.5.1 节中已有介绍)、剪贴蒙版、矢量蒙版和图层蒙版。

1. 属性面板

属性面板可以设置调整图层的参数,还可以对蒙版进行设置,创建蒙版以后,在其属性面板中,可以调整蒙版的浓度、羽化范围等,如图 8-21 所示。

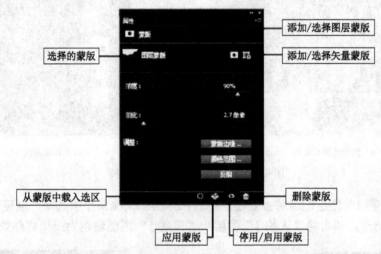

(a)蒙版属性面板

(b)调整浓度后的效果

(c)图层面板

图 8-21 "蒙版"属性面板、调整浓度后的效果及羽化范围

2. 剪贴蒙版

剪贴蒙版可以用一个图层中的图像来控制处于它上层的图像的显示范围,并且可以针对多个图像。

打开素材中的"剪贴蒙版.psd"文档,这个文档共有五个图层:一个背景图层,两个黑底图层和两个人物图层。创建剪贴蒙版把人物放入背景中的相框内。

(1)选择"人物 1"图层,执行"图层→创建剪贴蒙版"命令或按 Alt+Ctrl+G 组合键,就可以将"人物 1"图层和"黑底 1"图层创建为一个剪贴蒙版组,创建剪贴蒙版组后,"人物 1"图层仅显示"黑底 1"图层的区域,用相同的方法将"人物 2"图层和"黑底 2"图层创建为一个剪贴蒙版组,如图 8-22 所示。

（a）创建的剪贴蒙版

（b）图层面板

图 8-22　创建剪贴蒙版及图层面板

（2）在"人物 1"图层的名称上右击，然后在弹出的快捷菜单中选择"创建剪贴蒙版"命令，如图 8-23 所示，即可将"人物 1"图层和"黑底 1"图层创建为一个剪贴蒙版组。

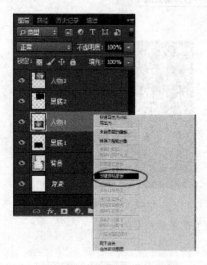

（a）创建剪贴蒙版的快捷菜单

（b）图层面板

图 8-23　快捷菜单创建剪贴蒙版

（3）按住 Alt 键，然后将光标放在"人物 1"图层和"黑底 1"图层之间的分隔线上，等鼠标指针变成 形状时单击，如图 8-24 所示。

3．矢量蒙版

矢量蒙版是通过钢笔工具或形状工具创建的蒙版。矢量蒙版也是非破坏性的，在添加完之后还可以返回并编辑蒙版，且不会丢失蒙版隐藏的像素。

（a）光标在两个图层分隔线上　　　　　　　　　　（b）图层面板

图 8-24　按 Alt 键创建剪贴蒙版

打开素材中的"矢量蒙版.psd"文档，该文档包括两个图层：一个是"背景"图层，另一个是"小孩"图层。

选择"自定义形状工具"　（在其属性栏中选择"路径"模式），如图 8-25 所示。

图 8-25　"自定义形状工具"属性栏

在图像上绘制一个心形路径，如图 8-26 所示，然后执行"图层→矢量蒙版→当前路径"命令，就可以基于当前路径为图层创建一个矢量蒙版，如图 8-27 所示。

图 8-26　创建心形路径　　　　　　　　　　图 8-27　创建矢量蒙版

在创建矢量蒙版以后，可以继续使用"钢笔工具"　和"直接选择工具"　在矢量蒙版中编辑或修改路径。

4．图层蒙版

图层蒙版是所有蒙版中最重要的一种，也是实际应用最广泛的工具之一，它可以用来隐藏、合成图像等。在创建调整图层、填充图层及为智能对象添加智能滤镜时，系统会自动为图层添加一个图层蒙版。

· 131 ·

打开素材中的"图层蒙版.psd"文档，该文档包含"背景"和"天空"两个图层，其中"天空"图层有一个图层蒙版，且图层蒙版为白色，所以此时文档窗口中将完全显示"天空"图层的内容，如图 8-28 所示。

如果要全部显示背景图层的内容，可以选择"天空"图层的蒙版，然后用黑色填充，显示效果如图 8-29 所示；如果要用半透明的方式显示当前的图像，则可以用灰色填充"天空"图层的蒙版，如图 8-30 所示。

图 8-28　添加白色蒙版

图 8-29　添加黑色蒙版

图 8-30　添加灰色蒙版

在图层蒙版中除了填充颜色外，还可以在图层蒙版中填充渐变，如图 8-31 所示；也可以使用不同的画笔工具来编辑蒙版，用画笔工具编辑蒙版，如图 8-32 所示。

图 8-31　添加白色到黑色渐变蒙版

图 8-32　用画笔工具编辑过的蒙版效果

创建图层蒙版的方式有多种，打开素材中的"创建图层蒙版.psd"文档，该文档包含"背景"和"小丑鱼"两个图层，利用图层蒙版的特性使小丑鱼的部分身体在海葵里面，即隐藏小丑鱼的部分身体。

（1）选择"小丑鱼"图层，然后在图层面板下方单击"添加图层蒙版"按钮，如图8-33所示，为"小丑鱼"图层添加一个图层蒙版，如图8-34所示。设置前景色为黑色，选择"画笔工具"，在蒙版图层上涂抹出背景图层上海葵和小丑鱼相交的部分，若黑色涂抹超过需要的范围，则设置前景色为白色即可修复，图层面板如图8-35所示，在蒙版区域修改后的效果如图8-36所示。

图8-33　"添加图层蒙版"按钮

图8-34　添加图层蒙版

图8-35　黑色画笔修改图层蒙版

图8-36　最后效果

（2）先用"快速选择工具"在背景图层上选中部分海葵，如图8-37所示。

图8-37　建立选区

然后执行"选择→反选"命令，在图层面板中选择"小丑鱼"图层，然后在图层面板中单击"添加图层蒙版"按钮，如图8-38所示，添加图层蒙版后的效果如图8-39所示。

图 8-38 反选后建立图层蒙版

图 8-39 最后效果

思考与练习

利用蒙版图层，选择自己的一张照片，为自己变脸，素材如图 8-40 所示。

图 8-40 素材图

项目 9

图像的批处理

_DSC3217.jpg

_DSC3233.jpg

_DSC3332.jpg

_DSC3365.jpg

为一张图像添加棕褐色色调，并把这一系列动作录制在动作面板中；使用批处理，把该动作应用在一批图像上为它们添加棕褐色色调效果，并能自动保存。

能力目标：

- 掌握动作面板的基本操作，如新建组、动作及开始录制和结束录制。
- 掌握修改图像大小的方法。
- 掌握动作批处理的使用。
- 掌握批处理时参数的设置及保存。

9.1 动作录制

（1）先打开一张素材文件，执行"窗口→动作"命令，打开动作面板，如图9-1所示。

（2）在动作面板中单击"创建组"按钮，创建一个新组并命名为"棕褐色调"，如图9-2所示。

（3）在动作面板中单击"创建动作"按钮，打开"新建动作"对话框，在新建的"棕褐色调"组下创建一个新动作，命名为"完整动作"，如图9-3所示。

图 9-1 "动作"面板

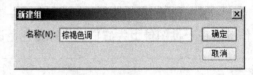

（a）"创建组"按钮　　　　　　　　　　（b）"新建组"对话框

图 9-2 "创建组"按钮及"新建组"对话框

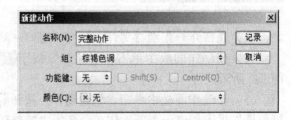

（a）"创建动作"按钮　　　　　　　　　（b）"新建动作"对话框

图 9-3 创建动作按钮及"新建动作"对话框

(4)单击动作面板上的"录制"按钮，开始录制动作，"录制"按钮呈红色。

(5)对打开的素材执行"图像→图像大小"命令，打开"图像大小"对话框，把图像的分辨率修改为 72 像素/英寸，如图 9-4 所示（本步骤主要是为了把图像变小，如果本来的图像就不大，可以省去此步骤）。

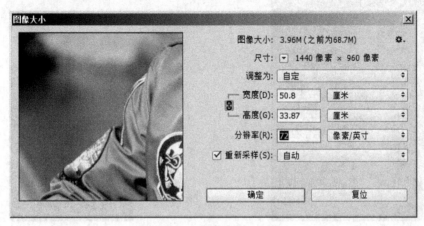

图 9-4 "图像大小"对话框

(6)执行"图像→调整→去色"命令，如图 9-5 所示。此时动作面板上的记录如图 9-6 所示。

图 9-5 去色后效果

图 9-6 动作面板的记录

（7）继续对该图像执行"图层→新建调整图层→色相/饱和度"命令，打开"色相/饱和度"属性面板，在该面板中选中"着色"复选框，并且降低饱和度，参数的设置如图9-7所示。此时动作面板上的记录如图9-8所示。

图9-7　"色相/饱和度"属性面板　　　　　　　图9-8　动作面板记录

（8）调色完成后执行"文件→另存为"命令，对图像进行保存，保存的文件类型选择为".jpg"格式，如图9-9所示，在该面板单击"保存"按钮，在弹出的"JPEG选项"面板中设定文件品质等级，如图9-10所示，单击"确定"按钮。完成对图像的保存。

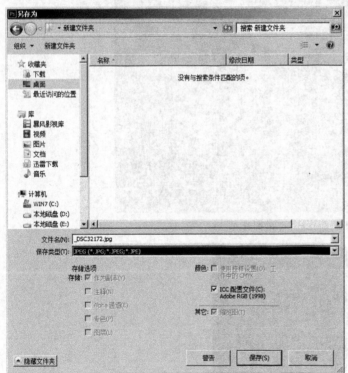

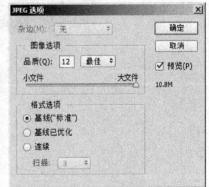

图9-9　"另存为"对话框　　　　　　　图9-10　"JPEG选项"对话框

（9）在动作面板中单击"停止播放/记录"按钮■，停止"完整动作"的录制。

9.2 动作的批处理

（1）执行"文件→自动→批处理"命令，打开"批处理"对话框，如图 9-11 所示。

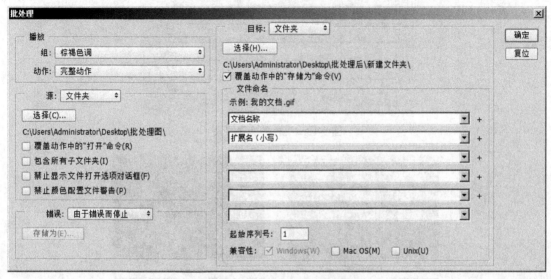

图 9-11 "批处理"对话框

在"播放"选项组下选择录制的"棕褐色调"动作，并设置"源"为"文件夹"，接着单击"选择"按钮，在弹出的对话框中选择要处理的图片所在的文件夹，如图 9-12 所示。

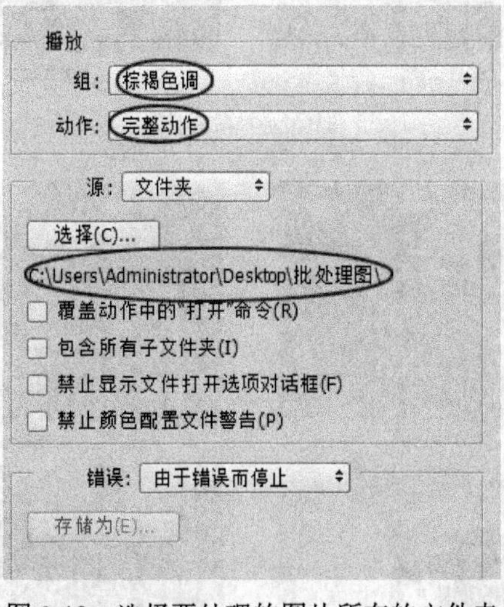

图 9-12 选择要处理的图片所在的文件夹

设置"目标"为"文件夹"，然后单击"选择"按钮，设置好文件的保存路径，最后选中"覆盖动作中的'存储为'命令"复选框，如图 9-13 所示。

（2）在"批处理"对话框中单击"确定"按钮，Photoshop CC 会自动处理源文件夹中的图像，并将其保存到设置好的目标文件夹中。处理前与处理后的图像对比效果如图 9-14 所示。

图 9-13 文件的保存路径

（a）批处理前的图像

（b）批处理后的图像

图 9-14 处理前与处理后的图像对比效果

9.3 Photoshop CC 相关知识

9.3.1 动作

动作是指在单个或一批文件上执行一系列任务，如菜单命令、工具动作等。例如，可以创建一个加入水印的动作，然后对其他图像应用这个动作。

在 Photoshop CC 中，动作是快捷批处理的基础。动作自动化可以节省很多操作时间，并确保多种操作结果的一致性。

Photoshop CC 自带了一些动作可以执行常见的任务，可以使用自带的动作，也可以根据需要自己录制动作，如 9.1 节中的例子。

9.3.2 认识动作面板

动作面板主要用来记录、播放、编辑和删除各个动作。执行"窗口→动作"命令，可以打开动作面板，如图 9-15 所示。

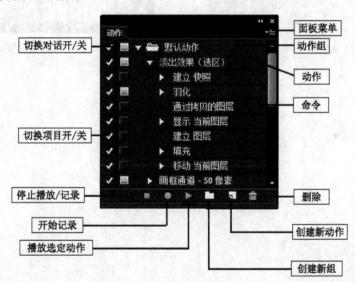

图 9-15 动作面板详解

（1）**切换对话开/关**：如果命令前显示该图标，表示动作执行到这里时会暂停，并打开对应的对话框，修改命令参数，单击"确定"按钮后可以继续执行后面的动作；如果动作组合动作前出现该图标，并显示为红色，则表示该动作中有部分命令设置了暂停。

（2）**切换项目开/关**：如果动作组、动作、命令前显示有该图标，表示该动作组、动作、命令可以执行；如果没有该图标，表示不可以被执行。

（3）**动作组/动作/命令**：动作组是一系列动作的集合，动作是一系列命令的集合。

（4）**停止播放/记录**：用来停止播放动作和停止记录动作。

（5）**开始记录**：单击该按钮可以录制动作。

（6）**播放选定的动作**：选定一个动作后，单击该按钮可以播放该动作。

（7）**创建新组**：单击该按钮可以创建一个新的组，用来保存新建的动作。

（8）**创建新动作**：单击该按钮可以创建一个新的动作。

（9）**删除**：选择动作组、动作、命令，单击该按钮可以将其删除。

（10）**面板菜单**：单击该按钮可以打开动作面板中的菜单。

思考与练习

录制一个动作为图像添加边框，并使用批处理为一组图像加上边框，录制前后效果如图 9-16 所示。

（a）录制前的图像　　　　　　　　　　　　（b）录制后的图像

图 9-16　录制前后效果

- 项目 10　海报设计
- 项目 11　UI 设计
- 项目 12　影平设计
- 项目 13　产品设计

项目 10

海 报 设 计

10.1 音乐海报设计

10.1.1 背景合成

(1) 新建一个 3508 像素×2480 像素、分辨率为 300 像素/英寸的文档，设置内容为"白色"、颜色模式为"RGB 颜色"，文件命名为"音乐海报"。

(2) 打开"蓝天.png"图片。单击图层面板下方的"创建新填充或调整图层"按钮 ，选择"色相/饱和度"命令并设置各项参数，如图 10-1 所示，按 Ctrl+Alt+G 组合键为"蓝天"图层和"色相/饱和度"新调整图层创建剪贴蒙版，如图 10-2 所示。

图 10-1 色相/饱和度设置

图 10-2 创建剪贴蒙版

(3) 打开"草丛.png"文件，使用移动工具将其放置在画面的下方，调整其图层层次并按 Ctrl+T 组合键调整好大小。

(4) 将"草地.png"文件放置在文件画面中，单击图层面板中的"创建图层蒙版"按钮 ，为"草地"图层添加图层蒙版，设置前景色为黑色，使用"画笔工具" 将图片四周边缘隐藏虚化，如图 10-3 所示，按住 Shift+Alt 组合键平行复制一份并调整其位置与层次，如图 10-4 所示。

图 10-3 草地图层添加层层蒙版　　　　　图 10-4 复制草地图层后效果

10.1.2 主体物合成

（1）在图层面板中新建一个组并命名为"吉他"，打开"吉他.png"文件，将它拖曳至当前文件并调整其位置。

（2）在该组下单击 按钮新建一个图层并命名为"吉他投影"，如图 10-5 所示，利用黑色画笔工具 在吉他的下方绘制投影，对绘制的投影执行"滤镜→模糊→高斯模糊"命令，设置模糊半径为 60 像素，最后调整该图层的透明度为 60%。

图 10-5 新建"吉他投影"图层

（3）单击图层面板下方的"创建新填充或调整图层"按钮 ，选择"亮度/对比度"命令，设置亮度为"20"、对比度为"65"；选择"色相/饱和度"命令并设置各项参数，如图 10-6 所示，最后按 Ctrl+Alt+G 组合键为吉他图层和新调整图层创建剪贴蒙版，调整后的效果如图 10-7 所示。

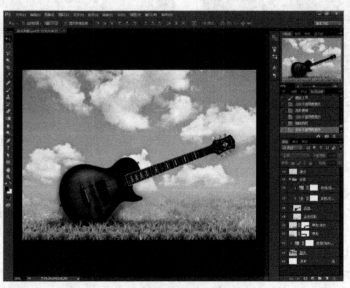

图 10-6 色相/饱和度参数设置　　　　　图 10-7 创建剪贴蒙版效果及图层

（4）在图层面板新建一个组并命名为"树叶"，打开"树叶.png"文件，将它放置到"树叶"组内，选择"树叶"图层并右击，在弹出的快捷菜单中选择"栅格化图层"命令。

（5）接下来制作树叶的阴影，按 Ctrl+J 组合键，复制"树叶"图层得到"树叶 拷贝"图层，执行"滤镜→模糊→高斯模糊"命令，设置模糊半径为 16 像素，调整该图层的透明度为 80%，最后调整位置并将该图层置于"树叶"图层的下方；打开"落叶.png"文件，调整好位置与层次，再用同样的方法为它制作阴影，效果及图层面板如图 10-8 所示。

（a）加入阴影后的效果　　　　　　　　　　　　　　（b）图层面板

图 10-8　加入阴影后的效果及图层

（6）新建一个"人物"图层组，打开"素材-听音乐的人.png"文件，将它拖曳至当前文件中并栅格化图片，按 Ctrl+T 组合键调整大小并放置在吉他图层上方。新建图层"人物投影 1"，使用黑色画笔工具，绘制人物臀部以下的投影，选择滤镜中"高斯模糊"选项，设置半径为 25 像素。新建图层"人物投影 2"，用同样的方法制作人物背部的投影，单击"图层"面板下方的"创建新填充或调整图层"按钮，选择"色阶"命令，设置各项参数并创建剪切蒙版，如图 10-9 所示。

（7）接下来分别添加"翅膀 1.png"和"翅膀 2.png"文件至当前文件中，并调整其位置与图层顺序，设置"翅膀 2"的混合模式为"颜色减淡"，形成晶莹剔透的翅膀，如图 10-10 所示。

（8）打开"音符.png"文件，调整大小位置与图层顺序，将其图层混合模式更改为"滤色"，形成通透的音符图像。将"蝴蝶.png"文件拖曳至当前文件，并调整其位置和图层顺序。新建"文字"图层，在其图层内添加文字，调整文字的大小与位置，效果如图 10-11 所示。

10.1.3　调整画面气氛

（1）单击"图层"面板下方的"创建新填充或调整图层"按钮，依次选择"渐变映射"与"照片滤镜"命令，并在属性面板中分别设置其参数，如图 10-12 所示。分别设置各图层的混合模式并依次选用其蒙版，调整"画笔工具" 的"不透明度"与"流量"值，利用较透明的画笔在画面中多次涂抹，恢复人物部分色调效果，调整参数后效果如图 10-13 所示。

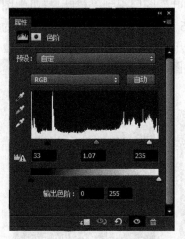

图 10-9　"色阶"参数的设置　　　　　　图 10-10　图层混合模式设置及效果

图 10-11　加入文字后的效果

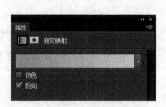

（a）渐变映射参数设置　　　　　　　　　　（b）照片滤镜参数设置

图 10-12　渐变映射及照片滤镜参数的设置

（2）接下来为画面增加光影效果，新建一个名为"光晕"的图层并填充为黑色，执行"滤镜→渲染→镜头光晕"命令，在弹出的对话框中设置参数，设置完成后单击"确定"按钮，应用该滤镜效果，参数的设置如图 10-14 所示。设置该图层混合模式为滤色、"不透明度"为 80%。

海报设计 项目 10

图 10-13　调整参数后的效果

图 10-14　镜头光晕滤镜参数设置

10.2　招贴设计

10.2.1　招贴背景设计

（1）新建一个 3508 像素×2480 像素、分辨率为 300 像素/英寸的文档，设置内容为白色、颜色模式为"RGB 颜色"，文件命名为"招贴设计"。打开"手工松木板.jpg"文件，也可以使用任何一张用户喜欢的背景松木板，调整其大小与位置。

（2）接下来给背景添加渐变叠加效果。双击"手工松木板"图层，打开"图层样式"面板，选中"渐变叠加"复选框，按照图 10-15 所示的设置，设置渐变色为从灰黑色（"#141414"）到透明的渐变，得到手工松木板四周的阴影效果。

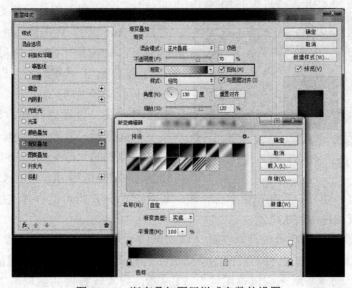

图 10-15　渐变叠加图层样式参数的设置

149

10.2.2 标题文字设计

（1）下面来制作标题文字，载入"freshman_normal_font"字体，输入英文单词"Sale!"（促销），在"字符"面板中调整字体大小为"180"，"字间距"为"50"。接下来为字体添加效果，双击"Sale!"图层，打开图层样式，选择"描边"，"颜色"设置为"#ffffff"，"大小"设置为20像素。继续添加渐变叠加，设置渐变颜色为从"#db4a9a"到"#793d5d"的渐变，具体设置如图10-16所示。最后添加投影，文字效果如图10-17所示。

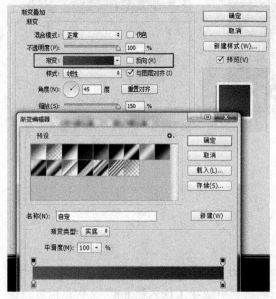

图10-16 为文字设置渐变叠加

图10-17 加入投影后的文字效果

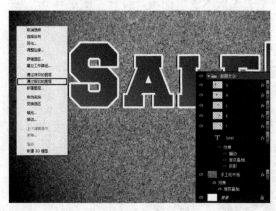

图10-18 文字分图层

（2）进一步调整字体，让字体看起来更像被拼贴上去的。单击"图层"面板中的 按钮，新建一个"组"命名为"标题文字"，将图层"sale!"置入组中。按Ctrl+J组合键复制图层"sale!"，单击隐藏按钮 隐藏图层"sale!"，将图层"sale!拷贝"栅格化，使用多边形套索工具 将字母一个个从图层"sale!拷贝"中剪切出来，剪切出来的图层重命名并按一定顺序排列，如图10-18所示。接下来选择用户喜欢的颜色，双击各个图层，在图层样式的"渐变叠加"中对字母颜色进行调整，如图10-19所示。按Ctrl+T组合键调整字母的大小与角度，使它们看起来更手工一些，最后按Ctrl+E组合键合并这些文字图层，重命名为"sale"，效果如图10-20所示。

（3）为字母添加一种纸质纹理，在此之前对纸纹素材做一些效果处理。执行"文件→打开"命令，选择"纸纹.jpg"文件，双击图层面板中的背景，将其变为可编辑的图层，单击"图层"面板下方的"创建新填充或调整图层"按钮 ，依次选择"曲线"与"色阶"命令，参数的设置如图10-21所示。然后选择"色相/饱和度"命令并设置"饱和度"为"-100"。"明度"为"+7",调整好后将文件保存为"纸纹-改好.jpg"。将"纸纹-改好.jpg"文件置入招贴设计中,将该图层置于"sale"图层上面,然后将"纸纹-改好"图层的混合模式设置为"叠加",图层不透明度设置为80%。最后需要将多余的纸纹去掉。选择"sale"图层,按住 Ctrl 键,单击图层面板中的"图层缩览图"图层,字母周围出现了一圈虚线,然后选择"纸纹-改好"图层,单击图层面板下面的"添加图层蒙版"按钮,当前图层就只在字母区域保留了纸纹,效果如图 10-22 所示。

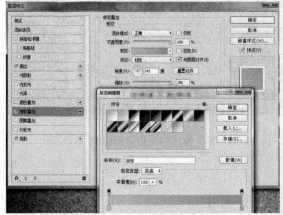

图 10-19　为字母设置渐变叠加

图 10-20　调整各字母大小与角度并合并图层

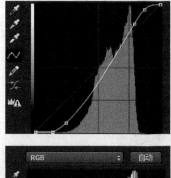

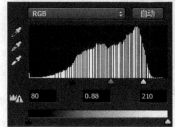

图 10-21　曲线与色阶参数的设置

图 10-22　加入纸纹后的效果

（4）为字母添加阴影。从字母"S"图层开始,使用"钢笔工具" 或按 P 键,在其属性栏中设置绘制为"形状",填充为黑色（"#000000"）,沿着字母外缘勾勒创建一个黑色形状图层。将该图层置于"sale"图层下面,并把"图层混合模式"设为正片叠底,将图层不透明度设为80%。然后执行"滤镜→模糊→高斯模糊"命令,在高斯模糊面板中,设置半径为 5 像素,得到最终效果,步骤如图 10-23 所示。其他字母依次用同样的方法制作投影,效果如图 10-24 所示。

图 10-23　为字母 S 添加阴影　　　　　图 10-24　各字母添加阴影后的效果

10.2.3　素材拼接

（1）新建组"运动鞋"，置入"鞋子1.jpg"文件中，使用"多边形套索工具"，按 L 键沿鞋的边缘勾勒路径，路径勾勒好后，单击图层面板下边的"蒙版工具"，将多余部分隐藏掉。新建图层组"太阳帽"与"手表"，对其他图片素材重复同样的动作，并按图 10-25 所示的位置排列。

图 10-25　加入其他素材

（2）接下来为三组商品加上 3 个添加贴纸背景和阴影。在图层组"运动鞋"下使用钢笔工具，在其属性栏中选择工具形式为"形状"、颜色为白色，给运动鞋勾勒白边，将贴纸背景图层命名为"运动鞋-贴纸"，按图 10-26 所示的设置图层样式。添加物品阴影的方式如同 10.2.2 节中为字母添加阴影的方式。使用钢笔工具，选择黑色沿边缘勾勒路径，调整图层顺序。在"结构"投影面板中将图层"混合模式"设为"正片叠底"，不透明度设为 75%。最后执行"滤镜→模糊→高斯模糊"命令，在高斯模糊面板中，设置半径为 5 像素，依此为每组商品添加贴纸与阴影，效果如图 10-27 所示。

海报设计 项目 10

图 10-26 投影图层样式参数的设置　　　　图 10-27 每组商品添加贴纸与阴影

（3）为三组商品加上 3 个纸片标签。制作步骤基本上和为商品制作贴纸白边一样，只不过纸片标签改变了颜色。新建图层组"绿-方块"，使用钢笔工具，选择白色勾勒一个不规则的图形重命名为"绿方块"，双击"绿方块"图层，打开图层样式，选中"投影"复选框，在"投影"样式面板中进行参数的设置，如图 10-27 所示；继续选中"颜色叠加"复选框，在"颜色叠加"样式面板中，设置颜色为"#c2db6e"；选中"渐变叠加"复选框，在"渐变叠加"样式面板中进行参数设置，如图 10-28 所示，渐变色设置为从"#e1d8c6"到"#b9ab97"的渐变。

（4）为标签添加阴影与文字。使用钢笔工具选择黑色勾勒路径，命名为"贴纸-阴影"，将图层"混合模式"设为"正片叠底"，不透明度设为 80%，高斯模糊设为 5 像素。然后重复同样的动作再做两个标签，其中蓝色的为 CMYKK（C=33，M=1，Y=0，K=0），粉色的为 CMYK（C=2，M=18，Y=0，K=0）。添加文字，选择字体为"Walk Around the Block"、颜色为黑色（"#000000"），输入单词"SHOES"，将图层的不透明度设为 90%，然后调整字体位置，将其置于绿色标签上。用同样的方法在其他两个标签上分别输入单词"WATCHES"和"HATS GLASSES"，最终效果如图 10-29 所示。

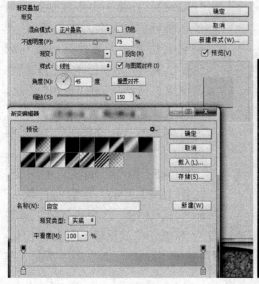

图 10-28 渐变叠加设置　　　　　　　　　图 10-29 标签输入文字后的效果

153

（5）添加箭头。使用钢笔工具，在其属性栏中设置"绘制"为"路径"，按图10-30所示画一个箭头，然后选择"转换点工具"，单击"锚点转换为"按钮，利用"直接选择工具"将这两个锚点拖曳成弯曲的形状。接下来换成"画笔工具"，在其属性栏中设置"大小"为4像素、"硬度"为90%。执行"窗口→笔刷"命令，打开"笔刷"面板，设置参数如图10-31所示。然后将前景色设为黑色，创建一个新图层，换成钢笔工具并右击刚创建的箭头路径，选择"描边路径"命令，当弹出提示窗口时，选择"画笔"并选中"模拟压力"复选框，单击"确定"按钮。最后右击路径，在弹出的快捷菜单中选择"删除路径"命令即可删除此路径，重新将图层命名为"箭头"，这样就创建了一个有一点褪色的箭头，如图10-30所示。

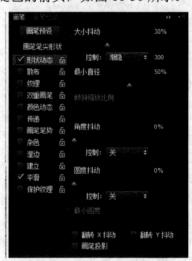

图10-30　箭头的添加　　　　　　　　图10-31　画笔参数的设置

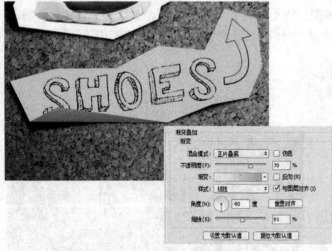

图10-32　"折角"图层渐变叠加参数设置

（6）为了让标签看起来更真实，需要为贴纸制作一个折边。使用钢笔工具，在其属性栏中设置绘制模式为"形状"、填充颜色为"#839d2c"，画一个不规则的三角形，将该图层命名为"折角"，调整它的位置与大小使其边缘与绿色贴纸重合。为使折角看起来颜色渐变更加自然，双击"折角"图层，在图层样式的"渐变叠加"中设置混合模式为"正片叠底"、不透明度为70%，渐变颜色为从"#f5f0e5"到"#b9ab97"的渐变，如图10-32所示。然后为折角制作一点阴影。用黑色钢笔工具勾勒形状，设置图层"混合模式"为"正片叠底"、不透明度为80%，将其重新命名为"折角-阴影"，然后将"高斯模糊"半径设为5像素，最后将该图层置于"贴纸-阴影"图层下面。在蓝色标签上用同样的方法做出阴影，效果如图10-33所示。

(a) 贴纸折边效果　　　　　　　　　　　　　　(b) 图层面板

图 10-33　贴纸制作折角效果及图层面板

10.2.4　丰富细节

（1）添加 LOGO 标签与添加促销标签。LOGO 标签与 10.2.3 节中的制作贴纸方法基本一致，新建图层"LOGO"，在图层上使用"椭圆工具"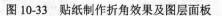按住 Shift 键绘制正圆形，颜色设为"#9d1b1f"。双击图层设置图层样式，选中"描边"复选框，在"描边"样式面板中设置"大小"为 13 像素、颜色为白色；选中"投影"复选框，在出现的"投影"样式面板中设置参数，如图 10-34 所示。同样，利用钢笔工具将促销标签绘制出来，添加图层样式，制作投影，效果如图 10-35 所示。

图 10-34　添加 LOGO 标签与添加促销标签　　　　图 10-35　图层面板

（2）制作订书钉。选择矩形工具，使用白色，画一个订书钉大小的矩形，将其命名为"订书钉"，然后打开图层样式，选中"内阴影"复选框，在"内阴影"样式面板中设置混合模式为"正片叠底"、不透明度为20%、角度为45°、距离为5像素、阻塞为0,大小为5像素。继续选中"投影"复选框,在"投影"样式面板中设置混合模式为"正片叠底",不透明度为50%,角度为45°,使用全局光,距离为1像素、扩展为0、大小为3像素。最后选中"渐变叠加"复选框,在"渐变叠加"面板中设置渐变颜色为从"#212121"到"#ededed"再到"#686969"的渐变,参数的设置如图10-36所示。钉子做好后,多复制一些钉子图层,然后调整每一只钉子的角度。为了让订书钉看起来更真实,还需要给钉子加一点阴影。选择画笔工具,在"画笔工具"属性栏中将颜色设为黑色,使用10~15像素的光晕笔刷,将画笔"不透明度"设为50%,将流量设为"60%"。在钉子图层下面创建一个新图层,将其命名为"订书针-阴影",然后在每一只钉子的两端单击一下。之后将"订书针-阴影"图层的"混合模式"设为"正片叠底",图层不透明度设为75%,如图10-37所示,将所有钉子和阴影图层编组,命名为"组-订书钉"。最后复制一些订书钉图层,随意摆放在画面上,使画面效果更加丰富。

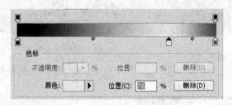

图10-36 渐变叠加及渐变颜色设置

图10-37 订书钉添加阴影后的效果

(3)制作白色按钉。新建一个图层并命名为"按钉",使用"椭圆工具"，或按U键,颜色设为白色,在鞋子上画一个大小为40像素的圆形,然后添加图层样式"渐变叠加",在"渐变叠加"面板中设置渐变颜色为从白色到"#686969"的渐弯,继续添加图层样式"投影",在"投影"面板中设置具体参数,如图10-38所示。然后按住Alt键拖曳图钉,就可以复制多个"图钉"图层,将它们放在不同的位置,最后将所有图层编组,命名为"按钉",效果如图10-39

所示。

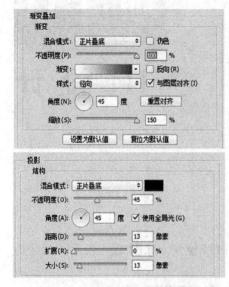

图 10-38 白色按钉的参数设置　　图 10-39 按钉效果及编组后图层

（4）添加促销文字。使用不同字体输入促销文字，放置在画面的各个位置，丰富画面效果，最终画面效果如图 10-40 所示。

图 10-40 添加促销文字后的效果

项目 11

UI 设计

11.1 手机界面元素设计

11.1.1 手机锁屏界面制作

（1）新建画布，设置文档宽度为 750 像素、高度为 1334 像素，如图 11-1 所示（此例是 iPhone 6 的屏幕尺寸，其他手机可自行修改相应参数）。

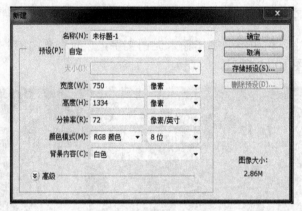

图 11-1 "新建"对话框

（2）修改背景颜色，选择一个低明度的颜色，如图 11-2 所示，按住 Alt+Delete 组合键填充画布，选择低明度的颜色是为了与白色的图标区分，填充后的效果如图 11-3 所示。

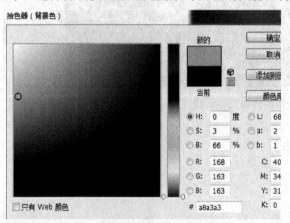

图 11-2 拾色器

图 11-3 填充后的效果

（3）选择矢量工具的"椭圆工具" ，在其属性栏中设置"绘制"为"形状"、填充为白色、描边为"无"，如图11-4和图11-5所示。单击画布，在弹出的对话框中设置宽和高为11像素，如图11-6所示，单击"确定"按钮，绘制的圆如图11-7所示。

图11-4 "椭圆工具"属性栏　　　　　　图11-5 椭圆工具描边及填充设置

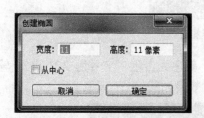

图11-6 "创建椭圆"对话框　　　　　　图11-7 创建的白色圆

（4）选择"移动工具" ，单击圆，按住Alt键拖动圆，复制出图形，如图11-8所示，复制两次。

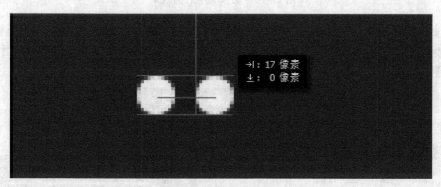

图11-8 复制的圆及排列

（5）继续使用"椭圆工具" ，绘制宽和高均为11像素的圆，设置"描边"为白色、"宽度"为1像素、"填充"为"无"，如图11-9所示，绘制效果如图11-10所示。

（6）复制绘制好的圆环，按住Shift键，调整各圆之间保持3像素的水平距离，两者组合后效果如图11-11所示。

图 11-9 椭圆工具描边及填充设置

图 11-10 创建的白色圆环

图 11-11 白色圆与圆环的排列

（7）使用文字工具 T，设置字体为"微软雅黑"、颜色为白色、字号为"21 点"，输入文字"中国移动"，并与之前的信号图形保持水平对齐，效果如图 11-12 所示。

图 11-12 输入文字后的效果

（8）使用矢量工具的"圆角矩形工具" ，在其属性栏中设置"绘制"为"形状"、描边为白色、宽度为"1 点"、填充为"无"，如图 11-13 所示，单击画布，在弹出的对话框中设置参数，如图 11-14 所示，绘制出一个描边为 1 点的圆角矩形，如图 11-15 所示。

图 11-13 "圆角矩形工具"属性栏

图 11-14 "创建圆角矩形"对话框

图 11-15 创建的白色圆角矩形

（9）继续使用圆角矩形工具绘制另一个圆角矩形，参数的设置如图11-16所示，描边更改为无，填充设为白色，绘制后的效果如图11-17所示。

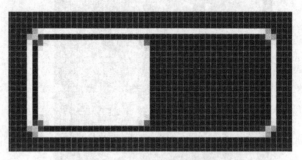

图11-16 "创建圆角矩形"对话框

图11-17 创建的实心圆角矩形

（10）用椭圆工具新建一个椭圆，参数的设置如图11-18所示。

（11）选择"矩形工具" ，在其属性栏中选择"减去顶层形状"命令，如图11-19所示，绘制一个矩形盖住该椭圆，如图11-20所示。

（12）使用文字工具输入电量"50%"，电池显示效果如图11-21所示。

图11-18 "创建椭圆"对话框

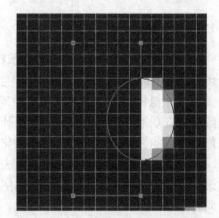

图11-19 矩形工具的运算设置

图11-20 椭圆与矩形的运算结果

（13）使用文字工具，设置对应的文字大小及字体，输入锁屏的其他文字信息。设置日期文字"字体"为"微软雅黑"、大小为"31点"；设置时间"字体"为"微软雅黑"、大小为"126点"；最后设置"滑屏解锁"为"微软雅黑"、大小为"60点"。输入文字后的效果如图11-22所示。

（14）最后给界面加一个背景图层作为壁纸，如图11-23所示。

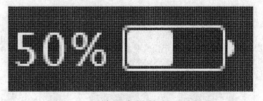

图11-21 输入电量数字后的效果

图 11-22 输入锁屏的其他文字信息

图 11-23 添加背景后的锁屏效果

11.1.2 手机界面风格

风格鲜明的设计是手机界面设计的重要工作。目前，无论是引领风尚的 iPhone，还是市场新宠 Samsung，手机界面的风格主要有两大趋势：拟物化和扁平化。

（1）拟物化就是软件界面模仿现实世界中的实物纹理，这种设计能让用户拿到手机第一眼就能直观地了解各个图标都是干什么的。在用户使用智能手机早期，因为需要软件去引导人们使用智能界面这种习惯，而拟物化设计越逼真越形象就越能引导用户，如图 11-24 所示。

（2）扁平化概念的核心思想是去除冗余、厚重和繁杂的装饰效果，附以明亮柔和的色彩，最后配上粗重醒目而风格又复古的字体，这样可以让"信息"本身重新作为核心被凸显出来，同时在设计元素上，则强调了抽象、极简和符号化，如图 11-25 所示。

图 11-24 拟物化设计

图 11-25 扁平化设计

11.2 手机 APP 界面设计

本项目是名为"植物说"的 APP 界面设计，该 APP 旨在针对植物爱好者及需要相关信息服务的网民建设以满足客户基本需求为基础，提升用户体验为目标的新型服务资源分享。用户可以通过该 APP 浏览资讯、发表评论、分享经验心得，进行好友分享等。下面从设计该 APP 的图标入手，接着设计该 APP 的启动页面、主页及其他页面。

11.2.1 手机 APP 图标设计

（1）新建一个 750 像素×1334 像素、分辨率为 300 像素/英寸的文档，设置内容为"白色"、颜色模式为"RGB 颜色"，文件命名为"logo"。选择"圆角矩形工具"，在其属性栏中设置绘制模式为"路径"、"固定大小"为 1176 像素×1176 像素、圆角半径为"150 像素"，如图 11-26 所示，在画布上绘制一个圆角正方形的路径，按 Ctrl+Enter 组合键把路径转换为选区。

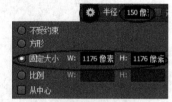

图 11-26　"圆角矩形"参数的设置

（2）选择"渐变工具"，设置渐变颜色为从"#8fc055"到"#476b2d"的渐变，新建一个图层并命名为"底色"，在该图层上由上到下拉出渐变填充刚才建立的选区，如图 11-27 所示，然后按 Ctrl+D 组合键取消选区。

（3）对"底色"图层执行"图层→图层样式→内阴影"命令，在"内阴影"面板中设置"混合模式"为"正片叠底"、颜色为"#213c0a"、不透明度为"11%"，其他参数的设置如图 11-28 所示。

图 11-27　填充后的圆角矩形

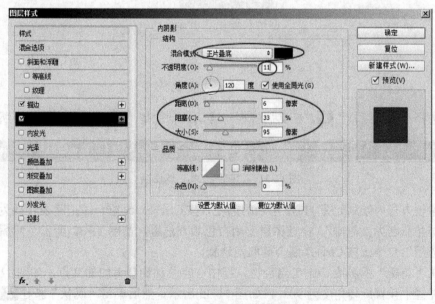

图 11-28　"内阴影"图层样式

(4)继续对"底色"图层执行"图层→图层样式→描边"命令,在"描边"面板中设置描边颜色为"#213c0a",其他参数的设置如图11-29所示。

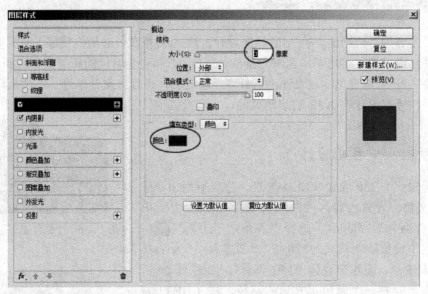

图11-29 "描边"图层样式

(5)执行"窗口→标尺"命令,使画布显示标尺,然后用移动工具从水平和垂直标尺分别拖出两条参考线,使参考线的交点在图形的中心位置,效果如图11-30所示。

图11-30 添加参考线后的效果

(6)选择"钢笔工具",在其属性栏中确认绘制的是"路径",如图11-31所示。

图11-31 "钢笔工具"属性栏

在圆角正方形内绘制如图11-32所示的路径,按Ctrl+Enter组合键把路径转换为选区,新建一个图层并命名为"花瓣",在该图层上用白色填充选区,如图11-32所示,然后执行"选择→取消选择"命令或按Ctrl+D组合键取消选择。

(7)在"花瓣"图层按Ctrl+T组合键,把中心点移动到参考线的交点,如图11-34所示,并在其属性栏中设置旋转角度为90°,如图11-35所示,然后单击"确认"按钮。

图 11-32　钢笔工具绘制花瓣路径　　　　　图 11-33　白色填充选区

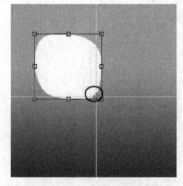

图 11-34　设置中心点位置　　　　　　　　图 11-35　变换参数的设置

（8）接下来对这个花瓣进行选择复制，按住 Ctrl+Shift+Alt 组合键后，每按一次 T 键就复制出一片旋转了 90°的花瓣，直到画面中出现 4 片花瓣，如图 11-36 所示，此时四片花瓣分布在独立的图层上，在图层面板上选中这四个图层，执行"图层→拼合图层"命令，对图层进行合并。

（9）选择"横排文字蒙版工具"，在其属性栏中选择一种英文字体，并设置字体大小为 130 点，在花瓣中间输入一个"P 形"的选区（若 P 的选区不够大，或者不够高，可以通过"选择→变换选区"命令对选区进行调整），如图 11-37 所示。

图 11-36　复制花瓣后的效果　　　　　图 11-37　文字蒙版工具创建的"P 形"选区

（10）按 Delete 键，在"花瓣"图层删除 P 形选区部分，如图 11-38 所示。

（11）为了增加"花瓣"图层的立体效果，在该图层执行"图层→图层样式→投影"命令，参数的设置如图 11-39 所示，加了投影效果后，完成"植物说"APP 的图标设计，执行"文件→存储为"命令，对文件进行保存，图标效果如图 11-40 所示，最后的图层面板如图 11-41 所示。

图 11-38　删除选区后的效果

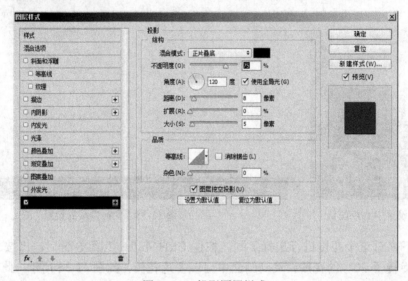

图 11-39　投影图层样式

图 11-40　添加图层样式后的效果

图 11-41　图层面板

11.2.2　手机 APP 启动页面设计

（1）执行"文件→新建"命令，新建一个文档并命名为"启动页面"，设置文档宽度为 750 像素、高度 1334 像素、分辨率为 72 像素/英寸、颜色模式为"RGB 颜色"、背景内容为"白色",如图 11-42 所示。

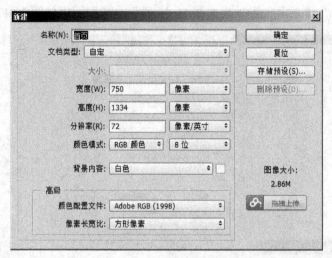

图 11-42 "新建"对话框

(2)选择"渐变工具" ，设置渐变方式为"线性渐变",颜色为从"# 2d6d23"到"# 61af34"的渐变,在背景图层上从左上到右下拉出一条渐变填充建立的选区,然后按 Ctrl+D 组合键取消选区,如图 11-43 所示。

(3)执行"视图→标尺"命令或按 Ctrl+R 组合键显示标尺,继续执行"视图→新建参考线"命令,在弹出的面板中选择方向为"水平"、输入为"40 像素",建立状态栏的参考线。

(4)在图层面板上新建一个图层并命名为"状态栏",用来显示手机的状态信息。绘制方法参考 11.1.1 节;使用"钢笔工具" 绘制出网络无线信号的图形;使用文字工具输入其他信息,调整"状态栏"图层对齐到第一条参考线,最后"状态栏"图层效果如图 11-44 所示。

图 11-43 渐变填充后的效果

图 11-44 加入状态栏后的效果

(5)将 11.2.1 节中设计的 LOGO 拷贝到本文件中,把图层命名为"logo",执行"图层→图层样式→投影"命令,为"logo"图层添加投影,参数的设置如图 11-45 所示。

(6)在"logo"图层下方新建一个图层并命名为"投影",使用"椭圆选择工具" ，建立一个椭圆选区，执行"选择→修改→羽化"命令，设置羽化值为 5 像素，用深灰色填充选区后取消选择，"logo"图层及投影效果如图 11-46 所示，图层面板如图 11-47 所示。

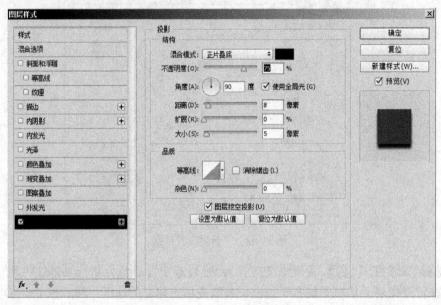

图 11-45 "投影"图层样式

图 11-46 LOGO 加入投影后的效果

图 11-47 图层面板

（7）在图层面板中新建一个组，命名为"植物"，在该组下新建一个图层并命名为"树干"，选择钢笔工具，在其属性栏中设置绘制的模式为"路径"，绘制出一棵树的树干形状的路径，如图 11-48 所示。

设置前景色为白色，在路径面板中右击该路径，在弹出的快捷菜单中选择"填充路径"命令，如图 11-49 所示。在出现的"填充路径"对话框中选择用前景色填充，单击"确定"按钮，完成路径填充，如图 11-50 所示。

（8）用相同的绘制方式，完成树枝的绘制，如图 11-51 所示。

（9）打开素材中的"启动页素材.psd"文件，按住 Ctrl 键在图层面板中单击树叶所在的图层，载入该图层的像素为选区，执行"编辑→定义画笔预设"命令，在弹出的对话框中输入画笔名称为"leaf"，如图 11-52 所示。

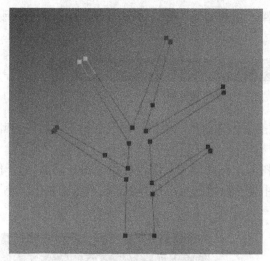

图 11-48 钢笔工具绘制树干路径

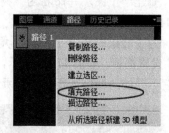

图 11-49 填充路径快捷菜单

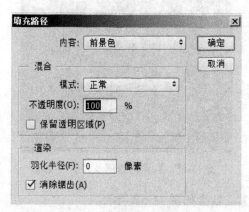

（a）"填充路径"对话框

（b）设置"填充路径"后的效果

图 11-50 "填充路径"对话框及效果

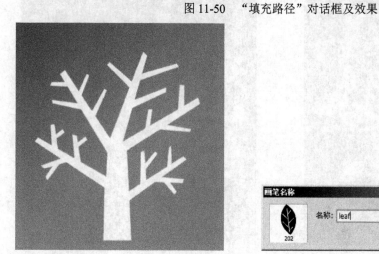

图 11-51 加入树枝后的效果

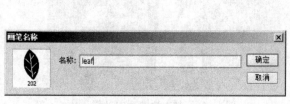

图 11-52 "画笔名称"对话框

（10）返回"启动页面.psd"文档，选择"画笔工具" ，在其属性栏中就能出现刚才定义的画笔笔触，如图11-53所示。

图11-53 "画笔工具"属性栏

新建一个图层并命名为"树叶"，设置前景色为白色，使用该画笔在树干上绘制树叶，如图11-54所示。

为了能绘制出大小不一、角度不同的树叶，在画笔工具属性栏中单击该笔触，打开"画笔"设置面板，如图11-55所示，在该面板中调整画笔的大小及角度，就可以绘制出大小不一、角度不同的树叶，如图11-56所示。

图11-54 用画笔工具加入树叶后的效果

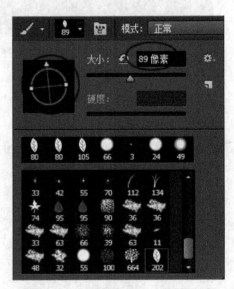

图11-55 画笔的角度及大小的设置

（11）使用相同的方法，在树枝上加入其他元素，效果如图11-57所示。

图11-56 加入树叶后的效果

图11-57 加入其他元素后的效果

(12)使用文字工具,设置合适的中文字体,在"logo"图层下方输入软件名称"植物说",完成启动页面的设计,如图 11-58 所示,图层面板如图 11-59 所示。

图 11-58　启动页面效果图

图 11-59　启动页面图层面板

11.2.3　首页界面设计

(1)执行"文件→新建"命令,新建一个文档并命名为"首页",设置文档宽度为 750 像素,高度为 1334 像素、分辨率为 72 像素/英寸、颜色模式为"RGB 颜色"、背景内容为"白色"。

(2)执行"视图→标尺"命令或按 Ctrl+R 组合键显示标尺,继续执行"视图→新建参考线"命令,在弹出的对话框中选择方向为"水平"、"位置"为"40 像素",如图 11-60 所示,再次建立一条距离为 128 像素的水平参考线,如图 11-61 所示。

图 11-60　"新建参考线"对话框

图 11-61　建立参考线后的效果

(3) 在图层面板中新建一个组并命名为"顶部",在组内创建一个新的图层并命名为"底色",选用"矩形选框工具" ,在"首页"面板中框选出一个矩形选区(从顶部开始到第二条参考线位置),选择渐变工具 ,设置渐变方式为"线性渐变",颜色为从"#46692c"到"#91c356"的渐变,从左上到右下拉出一条渐变填充建立的选区,然后按 Ctrl+D 键取消选区,如图 11-62 所示。

(4) 在"底色"图层上方新建一个图层并命名为"状态栏",绘制方式见 11.2.2 节中的第(4)步骤,"状态栏"图层效果如图 11-63 所示。

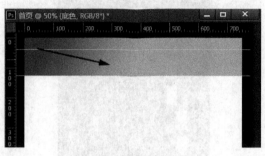 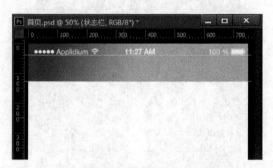

图 11-62　首页顶部渐变　　　　　　　图 11-63　加入状态栏信息效果

(5) 在"状态栏"图层上方新建一个图层并命名为"搜索栏",设置前景色为白色,选择"圆角矩形工具" ,在其属性栏中设置绘制的模式为"像素"、圆角半径为"150 像素",绘制出一白色长条圆角矩形,如图 11-64 所示。

图 11-64　圆角矩形创建搜索栏

(6) 打开素材中的"小图标.jpg"文件,用魔棒工具选取文件中的"放大镜"图标,复制到"搜索栏"图层的上方并调整其大小;选择"文字工具" 并在出现的文本框中输入文字"搜索用户和标签";新建一个图层并命名为"扫一扫",在该图层上使用矩形选框工具按住 Shift 键建立一个正方形选区,执行"编辑→描边"命令,在出现的"描边"面板中设置"宽度"为 1 像素、"颜色"为白色,然后在该图层中用矩形选框工具选取中间部分并删除,使用直线工具绘制一条白色的横线,创建该图标流程如图 11-65 所示。

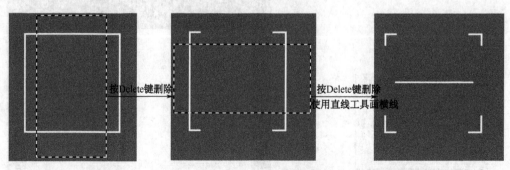

图 11-65　"扫一扫"制作流程

顶部设计完成效果如图 11-66 所示，图层面板如图 11-67 所示。

图 11-66 "首页"顶部设计效果

图 11-67 "首页"顶部设计图层面板

（7）打开素材中的"背景 1.jpg"文档，把该背景复制到"顶部"组的上方并调整好位置，如图 11-68 所示。

（8）执行"视图→新建参考线"命令，在弹出的面板中选择方向为"水平"、"位置"为"448 像素"，继续建立新的参考线，对页面进行分割和布局，使其规整（最下方用来制作标签栏，标签栏的高度为 98 像素，其他的页面分割可以自己发挥）。拉出参考线后的效果如图 11-69 所示。

图 11-68 加入背景的效果

图 11-69 用参考线划分页面

(9) 在图层面板中新建一个组并命名为"实力花匠",在组内新建一个图层并使用文字工具输入文字"实力花匠",调整该文字到左侧,作为该栏目的标题。

(10) 在"实力花匠"组内新建一个图层并命名为"黑色形状",使用钢笔工具及椭圆工具,在其属性栏中设置绘制的模式为"像素",该图形的绘制流程如图 11-70 所示。

椭圆工具绘制正圆　　　钢笔工具绘制叶子形状　　　钢笔工具或直线工具绘制茎

图 11-70　"黑色形状"绘制流程

(11) 打开素材中的"花 1.jpg"文件,把该图像复制到"黑色形状"图层上方,并把这两个图层建立为剪贴蒙版图层,建立剪贴蒙版图层后的效果如图 11-71 所示,图层面板如图 11-72 所示。

图 11-71　创建剪贴蒙版后的效果　　　　图 11-72　图层面板

使用复制图层的方式,复制出 3 个"黑色形状"图层,从素材中继续打开"花"的素材,分别建立剪贴蒙版图层,使用文字工具分别在下方输入对应的文字。"实力花匠"版块最终效果如图 11-73 所示。

养肉大户　　我是花草控　　乌木苗　　秋丽　　初恋

图 11-73　"实力花匠"版块最终效果

(12) 使用矩形选框工具,根据参考线的范围建立选区,使用灰色前景色进行填充,使"实力花匠"版块和下方的版块之间有一个分割,加入分割线后的效果如图 11-74 所示。

(13) 在图层面板中新建一个组并命名为"专题",在该组内新建一个图层并命名为"专题",使用文字工具输入文字"专题",使其与上一个版块的"实力花匠"文字图层垂直对齐;采用步骤(12)的方法建立灰色分隔条。

(14) 继续在组内新建一个图层,命名为"分割线",使用"直线工具" ,绘制像素线条,分割该版块的内容,如图 11-75 所示。

图 11-74　加入分割线后的效果

图 11-75　专题版块分割线

(15) 打开素材中的"小图标.jpg"文档,挑选合适的小图标并填充颜色,复制到"分割线"图层的上方,"专题"版块加入小图标后的效果如图 11-76 所示,图层面板如图 11-77 所示。

图 11-76　"专题"版块加入小图标后的效果

图 11-77　"专题"版块图层顺序

(16) 使用文字工具,为"专题"版块的每个栏目加入文字信息,完成本版块的制作。

（17）在图层面板中新建一个组并命名为"发现"，在该组下新建一个图层，添加图片和文字，完成"专题"版块的制作，如图11-78所示；制作完成三个版块后的图层面板如图11-79所示。

图11-78　制作完成三个版块后的效果

图11-79　制作完成三个版块后的图层面板

（18）在图层面板中新建一个组并命名为"标签栏"，打开素材中的"标签栏图标.psd"文档，把该文档中的小图标复制到"标签栏"组下，并输入对应的文字内容，完成主页的设计并保存，如图11-80所示，图层面板如图11-81所示。

图11-80　主页的最后效果

图11-81　主页文档的图层面板

11.2.4 登录页面设计

（1）新建一个文档并命名为"登录页面"，设置文档的宽度为 750 像素，高度为 1334 像素、分辨率为 72 像素/英寸、颜色模式为"RGB 颜色"、背景内容为"白色"。根据 11.2.3 节中的第（2）步建立参考线。

（2）选择"渐变工具" ，设置颜色为从"#2c6a22"到"#5fb035"的线性渐变，在新建的文档背景图层上拉出从左上到右下的渐变，如图 11-82 所示。

（3）在图层面板中新建一个组并命名为"状态栏"，在该组下新建一个图层，使用钢笔工具及椭圆工具绘制其状态信息并输入文字。

（4）使用文字工具在"状态栏"下方输入文字"我要逛逛"、"我要注册"，并调整其位置在第一条和第二条参考线之间，如图 11-83 所示。

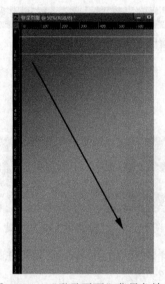

图 11-82　"登录页面"背景色填充

图 11-83　加入状态栏后的效果

图 11-84　创建剪贴蒙版效果

（5）在图层面板中新建组并命名为"登录"，在该组新建一个图层并命名为"黑色形状"，在该图层内绘制 11.2.3 节中第（10）步中的图形；打开素材中的"背景 2.jpg"文件，把该图像复制到"黑色形状"图层上方，并把这两个图层建立为剪贴蒙版图层（按 Alt 键后在这两个图层中间单击即可），如图 11-84 所示。

建立剪贴蒙版图层后，发现黑色图形的叶子部分还是没有内容显示，复制植物图层得到"植物 拷贝"图层，移动该图层到合适位置，并继续建立剪贴蒙版图层，如图 11-85 所示。

（6）选择"圆角矩形工具" ，在其属性面板中设置绘制的模式为"像素"、圆角半径为"10 像素"，如图 11-86 所示。

在"登录"组内新建一个图层并命名为"登录框"，设置前景色为白色，在该图层内绘制一个长条圆角矩形，并设置该图层的不透明度为"35%"，如图 11-87 所示。

（7）复制"登录框"图层，得到"登录框 拷贝"图层，调整好该图层位置，并在这两个图层中分别输入文字"请输入账号"和"请输入密码",在"登录框拷贝"图层右下角输入文字"忘记密码?",完成效果如图11-88所示。

图11-85　创建剪贴蒙版完善图形

图11-86　"圆角矩形工具"属性栏

图11-87　"登录框"图层顺序　　　　　　　图11-88　"登录框"完成效果

（8）在"登录"组继续新建"登录按钮"图层,选择圆角矩形工具,在其属性栏中设置绘制的模式为"路径"、圆角半径为"15像素",如图11-89所示。

图11-89　"圆角矩形工具"属性栏

在"登录框"图层下方绘制一个圆角矩形路径,执行"窗口→路径"命令显示路径面板,在路径面板中选中绘制的路径并右击,在弹出的快捷菜单中选择"描边路径"命令,如图11-90所示,在出现的"描边路径"对话框中选择"铅笔"为描边工具,如图11-91所示,单击"确定"按钮,对路径径向描边（在这之前先设置前景色为白色,铅笔工具的笔触大小及透明度）。

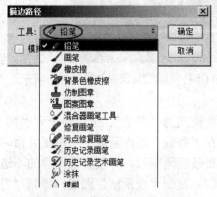

图11-90　描边路径快捷菜单　　　　　　　图11-91　描边路径工具选择

完整登录版块的设计效果如图 11-92 所示，图层面板如图 11-93 所示。

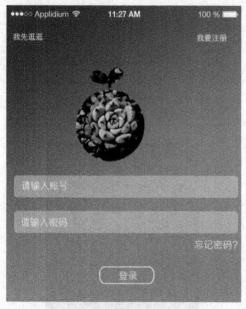

图 11-92　登录版块的设计效果

图 11-93　登录版块的图层顺序

（9）在图层面板中新建一个组并命名为"第三方登录"，在该组内新建图层并命名为"分割线"，使用"直线工具" ，在其属性面板中设置绘制的模式为"像素"、粗细为"1 像素"，在"登录"按钮下方绘制两条直线，然后使用文字工具输入文字"第三方登录"，如图 11-94 所示。

图 11-94　输入文字

（10）打开素材中的"小图标 2.jpg"文件，选取合适的小图标，并且修改颜色为白色，复制到"第三方登录"的组内进行排列，并在其下方输入对应的文字，如图 11-95 所示。

图 11-95　"第三方登录"小图标

完成登录页面的设计，最后效果如图 11-96 所示，图层面板如图 11-97 所示。

图 11-96　登录页面最后效果　　　　　　　图 11-97　登录页面图层顺序

可以尝试完成以下页面设计，分别是登录后个人主页面及添加好友界面的设计，如图 11-98 所示。

（a）个人主页界面　　　　　　　　　　　（b）添加好友界面

图 11-98　个人主页及好添加友界面

11.3 网站页面设计

本项目是为"领跑广告"公司设计的网站页面,根据客户需求,在首页上需要有快速导航区、新闻资讯区、成功案例等版块。

在设计网站页面流程时,通常是先设计该网站的 LOGO,再设计网站主页的版式,然后按照版式设计出页面效果。

11.3.1 网站 LOGO 设计

(1)创建一个新的文档,设置其宽度为 180 像素、高度为 50 像素,分辨率为 72dpi,文件名称为"logo",设置内容为灰色、颜色模式为"RGB 颜色"。

(2)选择"钢笔工具" ,在其属性栏中设置绘制的模式为"路径",在画布上绘制网站 LOGO 的图形路径,如图 11-97 所示。

图 11-99 LOGO 路径绘制

图 11-100 白色填充路径

按 Ctrl+Enter 组合键将路径转换为选区,在图层面板中新建一个图层并命名为"图形",将前景色修改为白色,选择"油漆桶工具" ,将选区填充为白色,按 Ctrl+D 组合键,如图 11-98 所示。

(3)选择"直线工具" ,在其属性栏中设置绘制的模式为"像素",粗细为"1 像素",在"图形"图层上绘制一条垂直直线。

(4)选择"文字工具" ,在直线右侧输入公司名称及服务理念,执行"文件→存储"命令对该文件进行保存。网站 LOGO 绘制流程如图 11-101 所示。

图 11-101 LOGO 绘制流程

11.3.2 网站版式设计

在本例中选择使用骨骼型的版式。

网站首页所固有的模块包括 LOGO 区域、导航区域、形象区域、导航区域 2、内容区域(首页主要内容)、版权信息区域六部分。

这几部分内容都要在本次设计中体现出来,先在 Photoshop CC 中用灰度色块对不同的版块做一个大致的区分。

（1）创建一个新的文档，设置宽度为 1400 像素、高度为 1200 像素、分辨率为 72dpi、文件名称为"首页版式"、内容为浅灰色、颜色模式为"RGB 颜色"。

（2）执行"视图→新建参考线"命令，创建出网页第一屏的区域（大小为 980 像素×580 像素）的参考线，如图 11-102 所示。

图 11-102　创建网页第一屏参考线

（3）选择"矩形选框工具"，在左上角画出 180 像素×72 像素的矩形区域，并填充比背景深的灰色，作为 LOGO 区域，在 LOGO 的右侧，框选出一个长条作为导航区域，如图 11-103 所示。

图 11-103　LOGO 区域和导航区域

（4）用相同的方式，绘制出主页上的不同模块，并填充不同的灰度色，如图 11-104 所示，完成网站首页的版式设计，并进行保存。

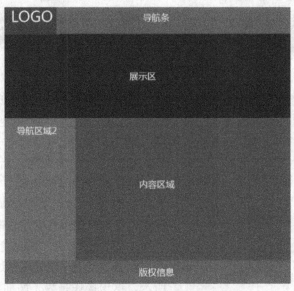

图 11-104　不同版块用不同灰度级填充

11.3.3　网站首页设计

（1）打开完成的版式设计文档，删除文字图层，把所有的灰度填充图层进行合并，作为首页设计的参考，执行"文件→存储为"命令对文档进行保存，文件命名为"首页设计"。

（2）在图层面板中新建一个组，命名为"导航条"，在该组下新建一个图层并命名为"导航条底色"。使用矩形选框工具拖出 980 像素×90 像素的长方形选区。

（3）选择"渐变工具"，在其属性栏中设置为"线性渐变"，并修改渐变编辑器颜色为从"#ae4834"到"#971b1b"的渐变，在"导航条底色"图层拉出渐变，按 Ctrl+D 组合键取消选区，如图 11-105 所示。

图 11-105　导航条背景填充

（4）选择"钢笔工具"，在其属性栏中设置绘制的模式为"路径"，在导航条的右侧绘制如图 11-106 所示的路径，按 Ctrl+Enter 组合键将路径转换为选区后，按 Delete 键删除选区部分并取消选区，得到有折线效果的导航条，如图 11-107 所示。

图 11-106　钢笔工具绘制路径

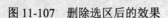

图 11-107　删除选区后的效果

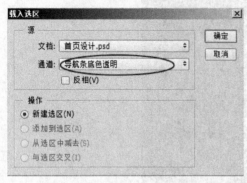

图 11-108　"载入选区"对话框

（5）执行"选择→载入选区"命令，在弹出的"载入选区"对话框中选择通道为"导航条底色透明"，如图 11-108 所示。

载入导航条的选区，新建一个图层并命名为"描边"，执行"编辑→描边"命令，设置"粗细"为"2 像素"、颜色为"#590808"，单击"确定"按钮，对导航条进行描边，取消选择后，使用"橡皮擦工具"，在"描边"图层上擦除上、左、右边的描边线条，只留下底边的线条，如图 11-109 所示。这一操作是为了增加导航条的层次效果。

图 11-109　底边描边后的效果

（6）打开前面设计好的"logo.psd"文件，移动到本文档中，并拖动到左上角，复制"logo"图层得到"logo 拷贝"图层，并对该图层执行"编辑→变换→垂直翻转"命令，做出 LOGO 的倒影效果，如图 11-110 所示。

图 11-110　加入 LOGO 及倒影效果

在"logo 拷贝"图层添加蒙版图层，在蒙版图层拉出黑白渐变，使倒影的下半部分渐渐消失，并降低该图层的不透明度，效果如图 11-111 所示，图层面板如图 11-112 所示。

图 11-111　LOGO 倒影虚化

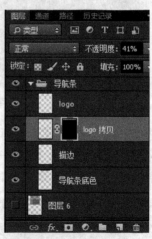

图 11-112　图层面板

（7）在"导航条"组内新建一个组并命名为"菜单"，使用"文字工具" T ，设置合适的字体，输入菜单文字，如图 11-1113 所示。

图 11-113　菜单加入文字

为每个菜单加入对应的小图标，加入后效果如图 11-114 所示。

图 11-114　导航条加入菜单小图标

（8）为菜单建立分割线，在"菜单"组内新建一个图层并命名为"分割线"，选择"直线工具"，在其属性栏中设置绘制的模式为"像素"、"粗细"为"1 像素"，设置前景色为"#450404"，按住 Shift 键绘制一条直线；继续新建图层并命名为"分割线 2"，修改前景色为"#dc8473"，按住 Shift 键绘制第 2 条直线，调整直线位置，使两条直线临近，合并图层，使用橡皮擦工具，设置笔刷的不透明度，擦除分割线的两端。分割线绘制流程如图 11-115 所示。

图 11-115　导航条的分割线绘制流程

（9）按 Alt 键，使用移动工具拖动分割线复制出四条分割线，调整好位置，效果如图 11-116 所示。

图 11-116　加入分割线后的导航条

（10）使用"矩形选框工具"拖出 980 像素×400 像素的长方形选区，如图 11-117 所示。

（11）在保持该选区的基础上，在图层面板中单击"导航条底色"图层，执行"选择→载入选区"命令，在弹出的"载入选区"对话框中选择通道为"导航条底色透明"，如图 11-118 所示，单击"确定"按钮，得到一个新的选区，如图 11-119 所示。

（12）在图层面板中新建一个组并命名为"形象展示"，在该组下新建一个图层并命名为"黑色形状"，在该图层上对当前的选区填充为黑色，并取消选区，如图 11-120 所示，图层面板如图 11-121 所示。

（13）打开素材中的"形象图片.jpg"文件，拖放到"黑色形状"图层上方，按 Alt 键并单击这两个图层的中间位置，建立剪贴蒙版图层，效果如图 11-122 所示。

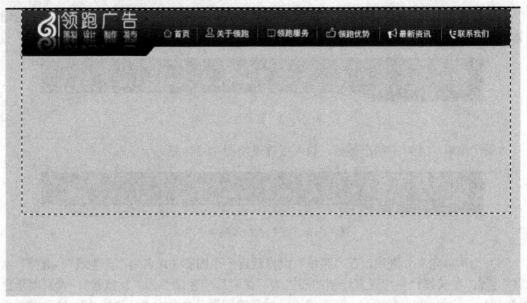

图 11-117 矩形选框工具建立选区

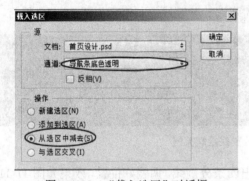

图 11-118 "载入选区"对话框

图 11-119 选区运算后的区域

图 11-120 黑色填充选区

图 11-121 图层面板

（14）在"形象展示"组内，继续新建一个图层并命名为"投影"，将其置于"黑色形状"图层下方，使用椭圆选框工具，建立一个椭圆选区，并执行"选择→修改→羽化"命令，设置羽化值为"20 像素"，在"投影"图层填充为深灰色，为展示图片添加投影效果，如图 11-123 所示。

图 11-122 创建剪贴蒙版图层

图 11-123 添加投影后的效果

（15）在图层面板中新建一个组并命名为"快速导航"，在该组内新建一个图层并命名为"底色"，使用"圆角矩形工具" ，设置圆角半径为"10 像素"，创建一条圆角矩形路径并转换为选区，使用"渐变工具" 填充为和导航条相同的渐变色，如图 11-124 所示，用描边的方式为该圆角矩形加入高光的线条。

图 11-124 快速导航区域背景填充

（16）使用"文字工具" T 输入"快速导航"栏目的菜单，如图 11-125 所示。在每一个导航菜单前加入小图标，并使用分割线区分栏目，如图 11-126 所示。

图 11-125 快速导航加入菜单文字

图 11-126 快速导航加入箭头效果

（17）在图层面板中新建一个组并命名为"新闻资讯"，在组内建立图层，完成该版块的制作，如图 11-127 所示。

图 11-127 新闻资讯版块效果

（18）在图层面板中新建一个组并命名为"成功案例"，在该组内新建一个图层并命名为"底色"，使用"矩形选框工具" 建立一个矩形选区，并用从"#d2d1d1"到"#c9c8c8" 线性渐变填充。执行"图层→图层样式→投影"命令，为该图层添加投影效果，如图 11-128 所示。

（19）执行"选择→载入选区"命令，载入"底色"图层选区，新建一个图层并命名为"高光"，执行"编辑→描边"命令，为该图层添加白色描边，使用橡皮擦工具擦除底边和右边，如图 11-129 所示，图层面板如图 11-130 所示。

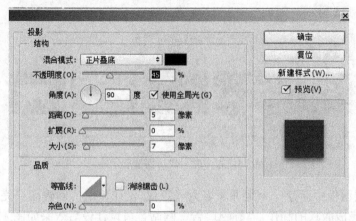

图 11-128　"投影"图层样式

图 11-129　加入高光后的效果

图 11-130　"成功案例"版块图层顺序

（20）在图层面板中新建一个图层并命名为"投影"，置于"底色"图层下方，使用多边形套索工具 在"底色"图层左下角创建三角形选区，使用"# 7e7b7b"颜色进行填充并取消选区，如图 11-131 所示。

图 11-131　加入投影效果和创建三角形选区

（21）使用文字工具，输入文字"成功案例"，并将成功案例的展示图拖放到"底色"图层上方，如图11-132所示。

图11-132　加入成功案例展示图

（22）在图层面板中新建一个组并命名为"版权"，在该组内创建图层完成背景的建立并输入版权信息，完成版权的制作，"领跑广告"网站首页设计最后效果如图11-133所示。

图11-133　"首页"设计最后效果

11.3.4　网页设计中的常见版式

网页设计中的常见版式有骨骼型（网格型）、满版型、分割型、中轴型、曲线型、倾斜型、对称型、焦点型、三角型及自由型。

1．骨骼型

骨骼型是一种规范的、理性的分割方法，类似于报刊的版式。常见的骨骼有竖向通栏、双栏、三栏、四栏和横向的通栏、双栏、三栏和四栏等，以竖向分栏为多。骨骼型的版式给人以和谐、理性的美，如图11-134所示。

UI 设计　项目 11

（a）骨骼型版式一　　　　　　　　　　　　　（b）骨骼型版式二

图 11-134　骨骼型版式

2．满版型

　　页面以图像充满整版。主要以图像为诉求点，将部分文字置于图像之上，视觉传达效果直观而强烈。满版型给人以舒展、大方的感觉，如图 11-135 所示。

图 11-135　满版型版式

3．分割型

　　分割型是将整个页面分成上下或左右两部分，分别安排图片和文案，被分割的两个部分形成对比。图片的部分感性而具活力，文案部分则理性而平静，如图 11-136 所示。

4．中轴型

　　中轴型是沿浏览器窗口的中轴将图片或文字作水平或垂直方向的排列。水平排列的页面给人以稳定、平静、含蓄的感觉；垂直排列的页面给人以舒畅的感觉，如图 11-137 所示。

5．曲线型

　　图片、文字在页面上作曲线的分割或编排构成，页面具有流畅的美感，跳跃性、层次性及空间感增强，产生韵律与节奏，页面信息编排更加灵活，如图 11-138 所示。

（a）分割型版式一　　　　　　　　　　　　（b）分割型版式二

图 11-136　分割型版式

图 11-137　中轴型版式

（a）曲线型版式一　　　　　　　　　　　　（b）曲线型版式二

图 11-138　曲线型版式

6. 倾斜型

主题形象或多幅图片、文字作倾斜编排，形成不稳定感或强烈的动感，引人注目，如

图 11-139 所示。

图 11-139　倾斜型版式

7. 对称型

对称的页面给人以稳定、严谨、庄重、理性的感受。对称分为绝对对称和相对对称。一般采用相对对称的手法，以避免呆板。左右对称的页面版式比较常见，如图 11-140 所示。

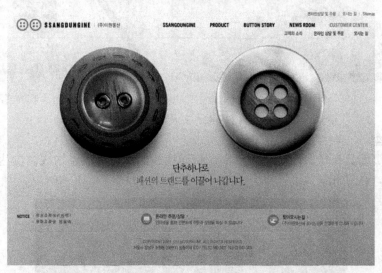

图 11-140　对称型版式

8. 焦点型

焦点型的网页版式通过对视线的诱导，使页面具有强烈的视觉效果。焦点型分以下三种情况。

（1）中心：以对比强烈的图片或文字置于页面的视觉中心，如图 11-141 所示。

（2）向心：视觉元素引导浏览者视线向页面中心聚拢，就形成了一个向心的版式。向心的版式是集中的、稳定的，是一种传统的手法。

（3）离心：视觉元素引导浏览者视线向外辐射，则形成一个离心的网页版式。离心版式是外向的、活泼的，更具现代感，运用时应注意避免凌乱。

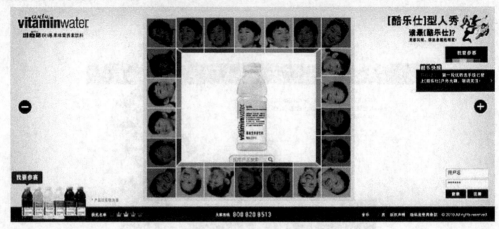

图 11-141　焦点型版式

9. 三角型

网页各视觉元素呈三角形排列。正三角形（金字塔形）最具稳定性，倒三角形则产生动感。侧三角形构成一种均衡版式，既安定又有动感，如图 11-142 所示。

（a）三角型版式一　　　　　　　　　　　　　（b）三角型版式二

图 11-142　三角型版式

10. 自由型

自由型的页面具有活泼、轻快的风格。引导视线的图片以散点构成，传达随意、轻松的气氛，如图 11-143 所示。

图 11-143　自由型版式

只选择其中一种版式来做网页显得很单调，大多数网站都是将几种版式相结合，以达到更好的效果。

项目 12

彩平设计

12.1 室内彩色平面效果图制作

本项目内容结合"铂翠湾"实际项目案例,从 CAD 平面图整理、导入 EPS 格式图纸、分图层填色、细部刻画、整体调整到最终作品的输出保存等绘制过程进行详细讲解,内容适合室内设计、环境艺术设计等相关专业。图 12-1 和图 12-2 所示的是线稿平面图和最终彩色平面效果图。

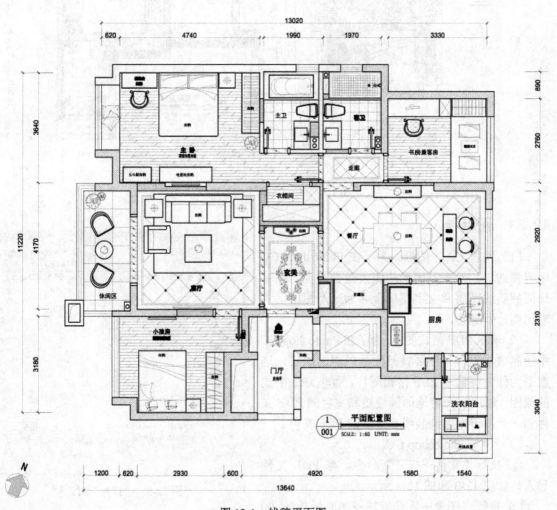

图 12-1 线稿平面图

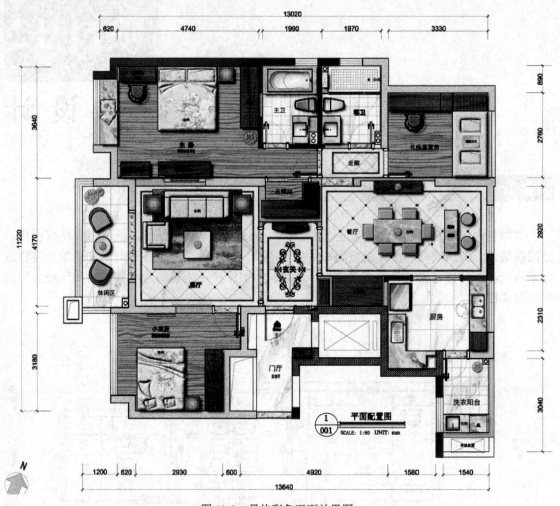

图 12-2　最终彩色平面效果图

12.1.1　图纸导入

（1）整理 CAD 图纸。为了在 Photoshop CC 中方便选取，检查各图形的线条是否闭合，并将地面铺装线图层和文字图层合并为一个图层，为输出图片做准备。

（2）输出 PDF 格式图片。为了在 Photoshop CC 中绘制效果更佳，需要背景色为透明的图层，这就是为什么要输出 PDF 格式图片，而非 JPG 格式的原因。输出一个带地面铺装线和文字的 PDF 文件和一个不带地面铺装线和文字的 PDF 文件。

（3）导入 Photoshop CC。

① 执行"文件→打开"命令，将 PDF 文件导入，如图 12-3 和图 12-4 所示。

② 执行"图像→图像旋转→顺时针旋转 90 度"命令，将文档进行横向置放，如图 12-5 所示。

图 12-3　"打开"对话框

彩平设计 **项目 12**

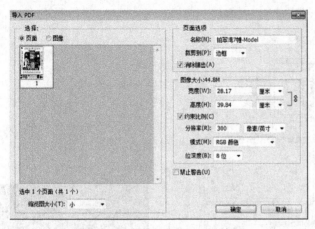

图 12-4 "导入 PDF"对话框

图 12-5 "图像旋转"级联菜单

③ 将图层分别重命名为"底图终"和"原始底图",并对其进行图层锁定,如图 12-6 所示。

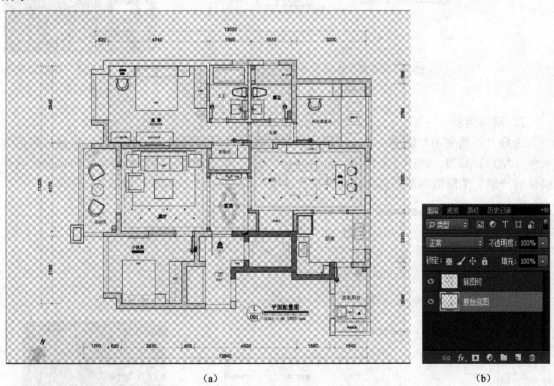

(a)　　　　　　　　　　　　　　　　　　　　(b)

图 12-6　图层面板中锁定图层

12.1.2　分图层绘制

1. 新建图层

新建一个空白图层并置于最底层,将图层重命名为"底色"。设置前景色为白色,单击"底色"图层的同时按住 Alt+Delete 组合键,对"底色"图层填充前景色,填充效果如图 12-7 所示,按 Ctrl+D 组合键取消选区。为了方便选取,将"底图终"图层设置为不可见,如图 12-8 所示。

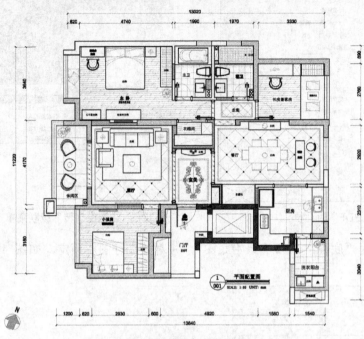

图 12-7 填充前景色后的效果

图 12-8 "底色"图层设置为不可见

2. 墙体绘制

选择"原始底图"图层,单击"魔棒工具" ,单击要填色的墙体选区,设置前景色为灰色("#333333")。新建一个图层,重命名为"墙",单击该图层的同时按住 Alt+Delete 组合键,对"墙"图层填充前景色,填充效果如图 12-9 所示,按 Ctrl+D 组合键取消选区。

(a)对"墙"图层填充前景色　　　　　　　　　　(b)图层面板

图 12-9 "墙"图层填充及图层面板

3. 窗的绘制

新建一个图层并重命名为"窗"。单击"渐变工具" ，在其属性栏中单击"线性渐变" 按钮，出现渐变编辑器界面，设置渐变色色标，颜色从左到右为"#99e3fc"、"#d8f4fe"和"#99e3fc"，如图 12-10 所示。选择"原始底图"图层，单击"魔棒工具" ，单击要填充颜色的窗体选区，逐个进行线性渐变填充，填充效果如图 12-11 所示。

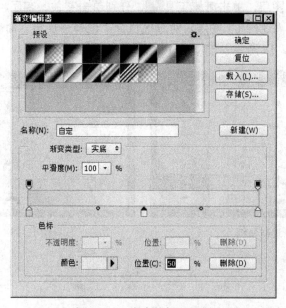

图 12-10　渐变编辑器界面

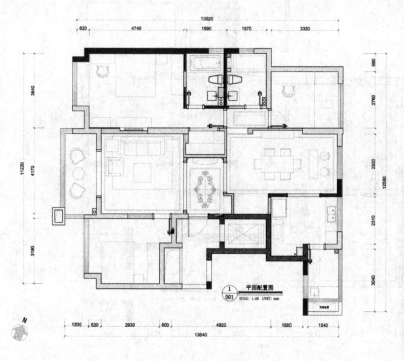

（a）对"窗"图层进行渐变填充

（b）图层面板

图 12-11　"窗"图层填充及图层面板

4. 地面铺装的绘制

（1）玄关、客厅、餐厅的地面铺装绘制。执行"文件→打开"命令，将已选好的地砖贴图打开，单击"移动工具" ，将贴图拖至 Photoshop 文件中，并将图层重命名为"地砖1"。使用"移动工具" 或按 Ctrl+T 组合键，根据玄关、客厅、餐厅的地面铺装位置、大小自行进行贴图调整，如图 12-12 所示。

选择"原始底图"图层，单击魔棒工具 ，分别单击玄关、客厅、餐厅的地面铺装选区，如图 12-13 所示。选择"地砖1"图层，对选区执行"选择→反选"命令，按 Delete 键，删除多余选区，效果如图 12-14 所示，按 Ctrl+D 组合键取消选区。

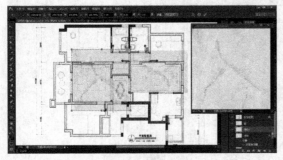
图 12-12　地砖贴图

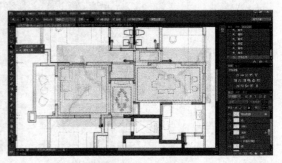
图 12-13　建立选区

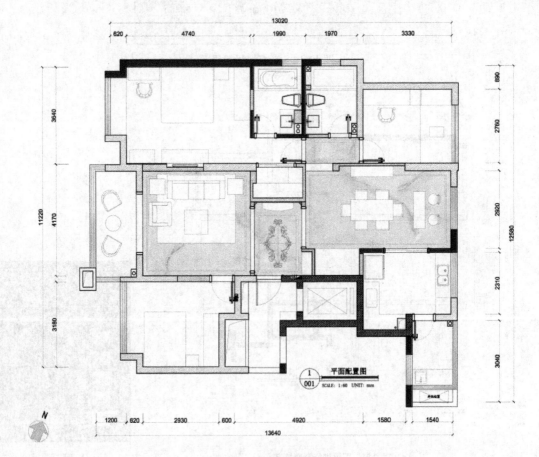
图 12-14　删除多余贴图

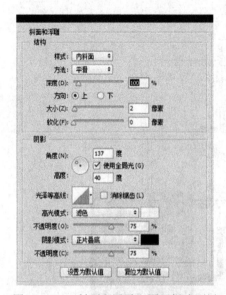

双击"地砖1"图层,弹出"图层样式"对话框,选中"斜面和浮雕"样式,然后在出现的面板中显示"斜面和浮雕"的相关控制项,选择"样式"为"内斜面",并根据效果需求进行预设值调整,如图12-15所示。

(2)大理石套线的绘制。执行"文件→打开"命令,打开已选好的贴图,使用移动工具,将其拖至Photoshop文件中,并将图层重命名为"套边"。使用移动工具或按Ctrl+T组合键,调整好贴图位置,将多余区域删除,并对"套边"图层进行效果添加。方法和做玄关、客厅、餐厅的地面铺装一样,效果如图12-16和图12-17所示。

(3)厨房、卫生间、阳台的地面铺装绘制。执行"文件→打开"命令,打开已选好的贴图,使用移动工具,将其拖至Photoshop文件中,并将图层重命名为"地砖2"。使用移动工具、自由变换命令(Ctrl+T组合键),调整好贴图位置,将多余区域删除,并对"地砖2"图

图12-15 "斜面和浮雕"图层样式面板

层进行效果添加。方法和做玄关、客厅、餐厅的地面铺装一样,如图12-18所示。

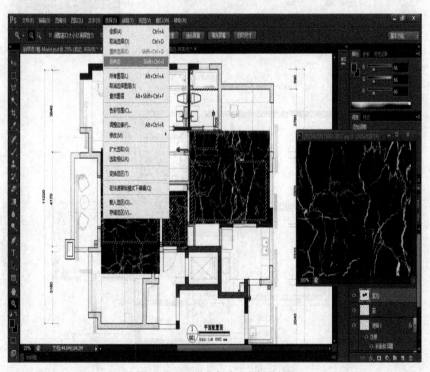

图12-16 对"套边"图层贴图

(4)卧室、书房的地面铺装绘制。绘制方法同上。执行"文件→打开"命令,打开已选好的贴图,使用移动工具,将其拖至Photoshop文件中,并将图层重命名为"地板"。使用移动工具、自由变换命令,调整好贴图位置,将多余区域删除,并对"地板"图层进行效果添加,效果如图12-19所示。

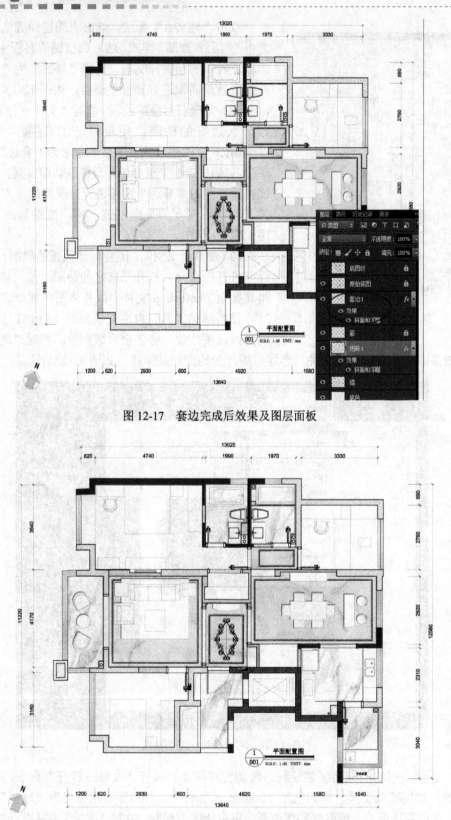

图 12-17 套边完成后效果及图层面板

(a)

图 12-18 厨房、卫生间地砖效果及图层

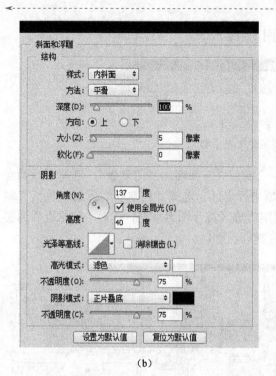

(b)　　　　　　　　　　　　　　　　(c)

图 12-18　厨房卫生间地砖效果及图层（续）

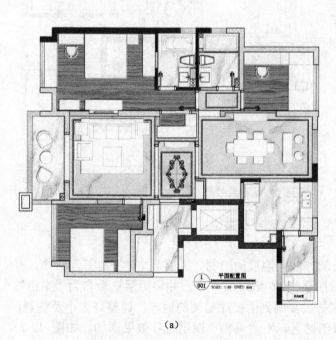
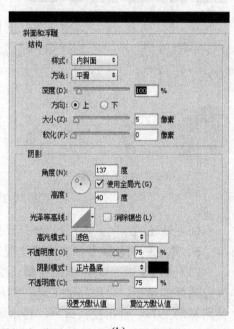

(a)　　　　　　　　　　　　　　　　(b)

图 12-19　卧室、书房"地板"图层效果及使用图层样式

（5）门堂板的绘制。绘制方式有两种。

① 与第（3）步相同。

② 因门堂板的面积不大，纹理均衡，故可执行"自定义图案→填充"命令进行绘制。执行"文件→打开"命令，打开已选好的贴图，对该图片执行"编辑→定义图案"命令，在"图

案名称"对话框中将图案命名为"门堂板",如图12-20所示。

图12-20 "图案名称"对话框

关闭该图片文件,回到图纸文件中,新建一个图层并重命名为"门堂板"。选择"原始底图"图层,单击"魔棒工具"，对门堂板区域进行选区。选择"门堂板"图层,执行"编辑→填充→使用图案"命令,选择"门堂板"图案对选区进行图案填充,并对"门堂板"图层进行效果添加,如图12-21所示,按Ctrl+D组合键取消选区。

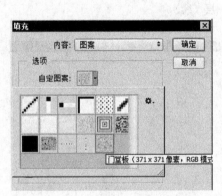

(a) "填充"对话框　　　　　　　　　　(b) 填充后的效果

图12-21 "填充"对话框及效果

(6) 地毯的绘制。地毯的绘制与门堂板的绘制方法类似,效果如图12-22所示。

5. 家私的材质赋予和立体感表现

(1) 桌子、柜子的木饰面绘制。绘制方法同地毯的绘制。执行"文件→打开"命令,打开已选好的贴图,使用移动工具,将其拖至Photoshop文件中,并将图层重命名为"桌柜"。使用移动工具、自由变换命令,将木纹材质复制到需要此贴图的地方,调整好大小及纹理,将多余区域删除,按Ctrl+D组合键取消选区。对"桌柜"图层进行效果添加,如图12-23所示。

(2) 大理石台面绘制。绘制方法同桌柜的木饰面绘制。新建一个图层并重命名为"台面",参数设置及效果如图12-24和图12-25所示。

(3) 沙发的绘制。绘制方法同大理石台面的绘制。新建一个图层并重命名为"沙发",效果如图12-26所示。为了使沙发更具质感,分别对沙发坐垫、靠背及扶手做分图层效果添加。

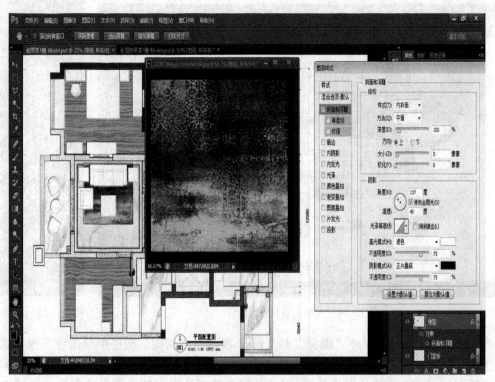

图 12-22 地毯的效果

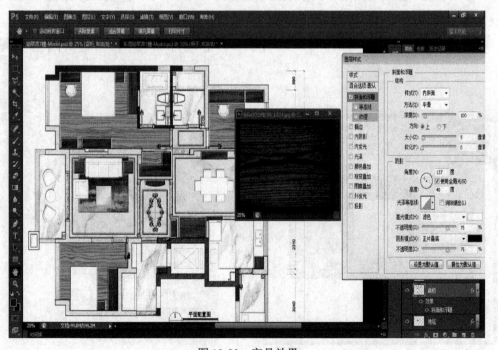

图 12-23 家具效果

图 12-24 大理石台面效果　　　　　　　　　　　图 12-25 参数设置

　　选择"沙发"图层，单击"魔棒工具" ，在"原始底图"图层中单击沙发坐垫区，回到"沙发"图层，执行"图层→新建→通过剪切的图层"命令，将坐垫区从沙发图层剪切出来，将新图层重命名为"沙发坐垫"。对"沙发"及"沙发坐垫"图层分别添加质感效果，执行"图层→图层样式→斜面和浮雕"命令。"沙发"图层的图层样式参数的设置如图 12-27 所示；"沙发坐垫"图层的图层样式参数的设置如图 12-28 所示，沙发最后的效果如图 12-29 所示。

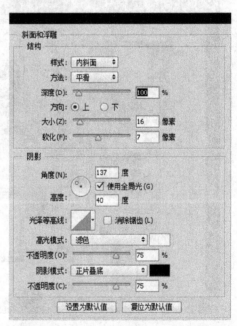

图 12-26 沙发的效果　　　　　　　　图 12-27 "沙发"图层样式参数的设置

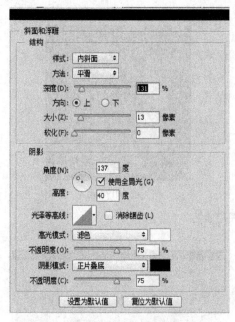

图 12-28　沙发坐垫图层样式参数的设置

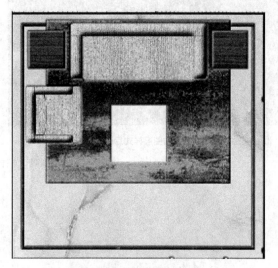

图 12-29　沙发最后效果

（4）椅子的绘制。与沙发绘制类似。给椅子赋予材质后，将椅面与椅背图层分离，并分别对椅面及椅背所对应图层添加质感效果。图 12-30 和图 12-31 所示为椅面及椅背添加图层样式后的效果。

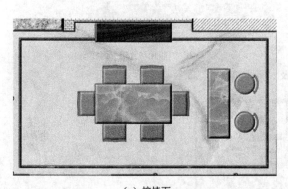

（a）棕椅面

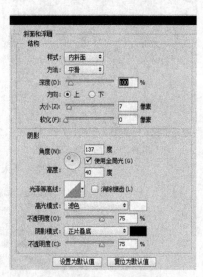

（b）图层样式参数的设置

图 12-30　棕椅面及图层样式参数的设置

（5）床、榻榻米及抱枕的绘制与沙发、椅子绘制同理。给床赋予材质后，将床与枕被图层分离，并分别对床及枕被所对应图层添加质感效果，选中"斜面和浮雕"复选框，打开"斜面和浮雕"面板。图 12-32 所示的是"床"图层添加"内斜面"样式的效果。图 12-33 所示的是"枕被"图层添加"枕状浮雕"样式的效果。

(a) 添加图层样式后的效果　　　　　　　　　　　(b) 图层面板

图 12-31　棕椅及图层面板

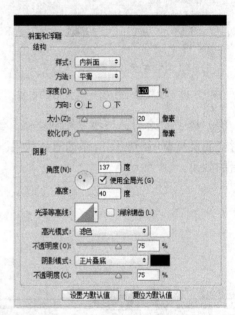

(a) 添加"内斜面"样式的效果　　　　　　　　　(b) "斜面和浮雕"面板

图 12-32　"床"图层及"斜面和浮雕"面板

(a) 添加图层样式后的效果

图 12-33　枕和被角使用的图层样式及图层面板

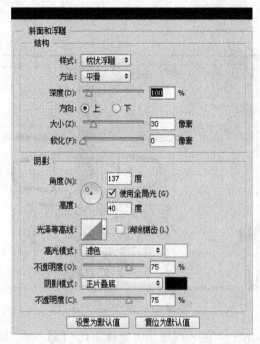

（b）枕和被角图层样式设置　　　　　　　　（c）图层面板

图12-33　枕和被角使用的图层样式及图层面板（续）

用同样的方法绘制榻榻米及抱枕，效果及图层面板如图12-34和图12-35所示。

图12-34　榻榻米及抱枕效果　　　　　　图12-35　榻榻米及抱枕图层顺序

（6）浴缸、水槽、马桶、冰箱、煤气灶、玻璃茶几的绘制。

① 水的绘制。新建一个图层并重命名为"水"。单击"渐变工具"，在其属性栏中单击"线性渐变"按钮，打开渐变编辑器，设置渐变色色标，如图12-36所示，三个色标从左到右颜色分别为"#ffffff"、"#afd7eb"和"#5daed7"。选择"原始底图"图层，单击"魔棒工具"，单击要填色的"水"选区，新建一个图层并命名为"水"，逐个水域进行线性渐变填充。填充效果如图12-37所示。

图 12-36 渐变编辑器设置"水"的颜色

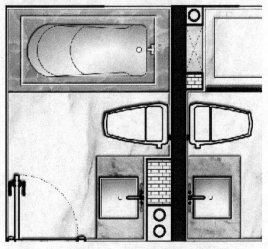
图 12-37 填充水后效果

为了进一步刻画浴缸、水槽的质感,新建"水槽边"图层,单击"魔棒工具"，在"原始底图"图层中单击选区,同时按住 Alt+Delete 组合键,对"水槽边"图层填充前景色"灰色",再对其图层样式进行效果添加,效果如图 12-38 所示。

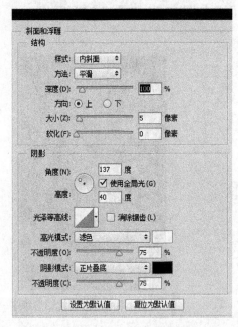
(a)"水槽边"图层样式设置

(b) 图层面板

图 12-38 "水槽边"使用图层样式及图层面板

② 马桶、冰箱、煤气灶、玻璃茶几的绘制同水的绘制。分别新建"马桶"图层、"冰箱"图层、"煤气灶"图层、"玻璃茶几"图层,其中"马桶"图层进行"灰色"线性渐变填充,如图 12-39 所示。其他图层分别进行材质图片填充,再对其图层样式进行效果添加,如图 12-40 所示。

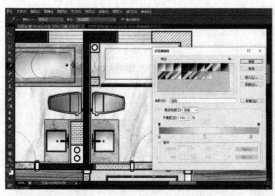 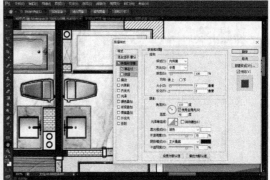

图 12-39　"灰色"线性渐变填充

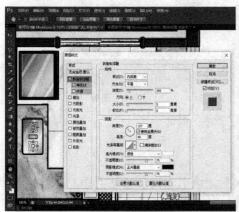 

图 12-40　材质图片填充及图层样式效果添加

（7）台灯、绿色植物的绘制。

① 台灯的绘制。新建"灯"图层，单击"椭圆选框工具"，按住 Shift 键，在台灯处绘制正圆选框，右击，在弹出的快捷菜单中选择"羽化"命令，在出现的面板中设置"羽化半径"为"15 像素"。如图 12-41 所示。按住 Alt+Delete 组合键，对其填充前景色"橙黄色"，如图 12-42 所示。

图 12-41　创建羽化选区　　　　　　　　图 12-42　填充选区

② 绿色植物的绘制。新建"绿色植物"图层，在选区中进行"黄绿色"线性渐变填充，再对其图层添加"斜面和浮雕"和"投影"图层样式，如图 12-43 所示。

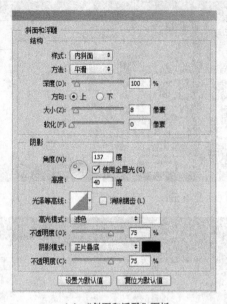
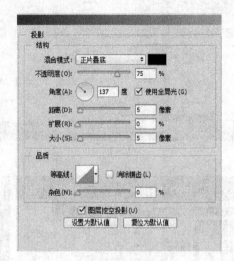

（a）"斜面和浮雕"面板　　　　　　　　　（b）"投影"面板

图 12-43　"斜面和浮雕"和"投影"面板

12.1.3　整体效果调整

打开之前关掉的图层，一个逼真的彩色平面基本上完成了，为了效果更佳，需要对整体效果进行微调。

（1）为了整体画面更具质感，需要给所有家私模块添加阴影效果。单击"魔棒工具" ，在"原始底图"图层中单击所有家私模块选区，新建"阴影"图层，同时按住 Alt+Delete 组合键，对图层填充前景色为白色，再对其图层样式添加阴影效果，如图 12-44 所示。需要注意的是"阴影"图层在图层中的位置需在所有家私贴图之下，所有地面铺装贴图之上，"阴影"图层添加的图层样式如图 12-45 所示。

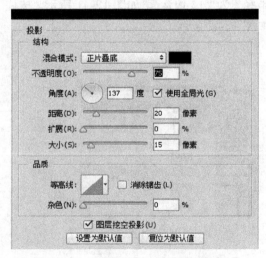

图 12-44　建立家私模块选区　　　　　　图 12-45　"阴影"图层添加的图层样式

（2）若想得到画面左右有淡显效果，需先盖印图层，同时按住 Ctrl+Shift+Alt+E 组合键，对绘制完成的所有图层进行盖印处理，创建效果图的合并图层，如图 12-46 所示。然后再新建一个"白色"图层置于盖印图层之下,回到盖印图层为其添加蒙版效果,采用渐变填充为其蒙版图层填充,如图 12-47 所示。用"加深或减淡工具"再次进行整体明暗调整,最终调整后的效果如图 12-48 所示。

图 12-46　盖印的图层

图 12-47　为盖印图层添加蒙版

图 12-48　室内彩平设计最终效果

12.1.4 输出保存

执行"文件→储存为"命令,保存文件。一般输出保存为 JPG 格式,如图 12-49 和图 12-50 所示。

(a) "文件"菜单　　　　　　　　(b) "存储为"对话框

图 12-49　保存文件

图 12-50　输出的文件效果

12.2 小区景观彩色平面图制作

本项目内容结合实例杭州"上东国际"小区景观规划设计案例，绘制方法与室内彩平图制作类似。图 12-51 和图 12-52 所示的是线稿平面图及最终彩色平面效果图。

图 12-51 线稿平面图

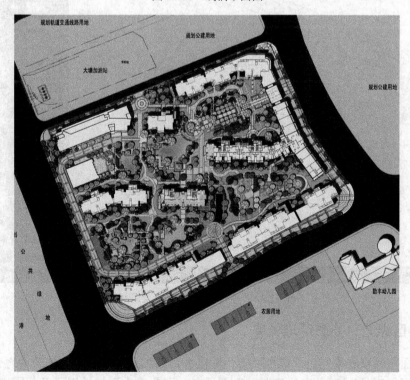

图 12-52 最终彩色平面效果图

12.2.1 CAD 线稿整理，分离图线

根据导入图层需要，分离出线稿底图、建筑细部线稿、用地红线线稿，输出 PDF/EPS 格式，导入 Photoshop 文件中，如图 12-53 和图 12-54 所示。

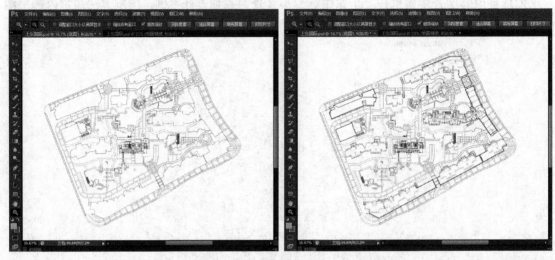

图 12-53　输出为"PDF/EPS"格式文件

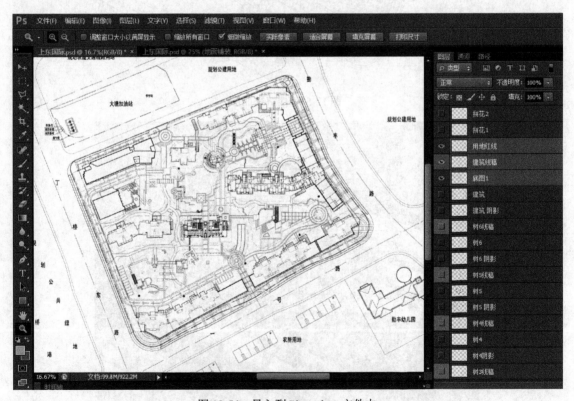

图 12-54　导入到 Photoshop 文件中

12.2.2 小区绿地、外围绿地绘制

先从大面积色彩着手铺色，绿地要有色彩区分，添加杂色要有密度的疏密之分。

单击"魔棒工具"，在"底图 1"图层中分别单击小区绿地选区及外围绿地选区，新

建"绿地"和"外围绿地"图层，同时按住 Alt+Delete 组合键，分别对图层填充前景色 "绿色"，并对"绿地"图层添加"滤镜→杂色→添加杂色"滤镜，效果如图 12-55 所示。

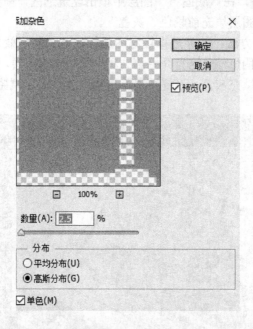

（a）"添加杂色"面板

（b）添加杂色滤镜后的效果

图 12-55　为草地添加杂色滤镜及效果

12.2.3 建筑及建筑阴影绘制

单击"魔棒工具"，在"底图 1"图层中单击建筑选区，新建"建筑"图层，同时按住 Alt+Delete 组合键，对图层填充前景色"灰色"。

建筑阴影处理有两种方法：一种是直接对图层样式添加阴影效果；第二种是在建筑景观图中运用较为普遍的绘制阴影法。这里介绍第二种，复制建筑图层，重命名为"建筑阴影"并置于"建筑图层"下方，填充灰色，设置图层不透明度为 70%，调整好阴影位置，如图 12-56 所示。

图 12-56　建筑阴影及图层不透明度设置

12.2.4 城市干道的绘制

单击"魔棒工具"，在"底图 1"图层中单击选区，新建"城市干道"图层，同时按住 Alt+Delete 组合键，对图层填充前景色"灰色"，如图 12-57 所示。

图 12-57　城市干道的绘制

12.2.5 水体的绘制

单击"魔棒工具" ，在"底图 1"图层中单击选区，新建"水"图层，用线性渐变工具对图层进行渐变填充，并对其图层样式添加内阴影效果，如图 12-58 所示。

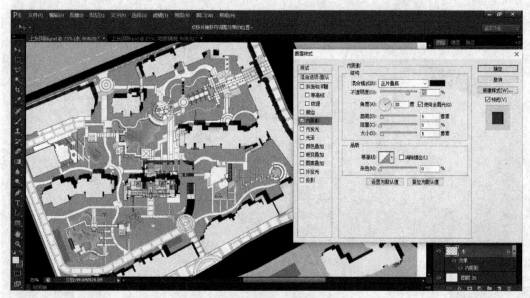

图 12-58　水体的绘制及参数设置

12.2.6 道路铺装、景观石的绘制

分别新建"道路铺装"和"石头"图层。这里用到了前景色填充及自定义图案进行填充，如图 12-59 所示。

图 12-59　道路铺装和景观石的绘制

12.2.7 亭子、树池及阴影的绘制

与建筑及建筑阴影绘制方法相同,如图 12-60 所示。

图 12-60 亭子、树池及阴影的绘制

12.2.8 乔木、灌木及阴影的绘制

绘制方法 12.2.7 节。这里乔木用到了"线性渐变"填充,灌木及阴影用到了前景色填充,如图 12-61 所示。

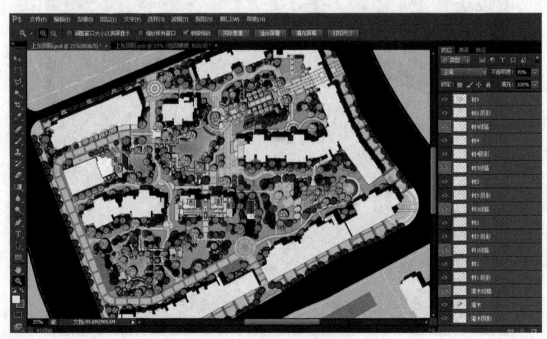

图 12-61 乔木、灌木及阴影的绘制

12.2.9 整体效果调整及输出保存

打开之前隐藏的图层,一个逼真的彩色平面完成了,效果如图 12-62 所示。

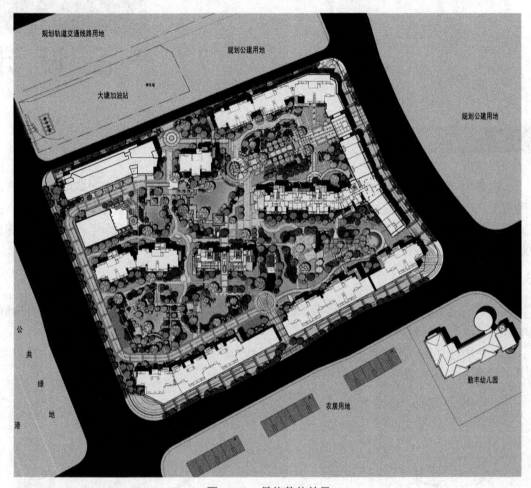

图 12-62 最终整体效果

在景观彩平制作过程中需注意以下几点。

(1)关于水系。水要有阴影,不过是内投影,可以用图层特效来做,也可以用高斯模糊来做;

水要有光感,可以用退晕,也可以用滤镜打光。

(2)绿地。绿地在红线内、外一定要区分开色相和明度饱和度,不然颜色会很相近。尽量不要拖来一块真实的草地图片来代替绿色块,虽然草地图片看起来很真实,但是整体不协调,还会加大内存消耗。

(3)投影。投影在景观图中的基本做法是复制一层,放在下面,选中的同时按住 Alt+Delete 组合键进行前景色填充。有些低矮物可用图层特效,但是建筑不能用,不然会很假。

(4)树的绘制。先在 CAD 中画出轮廓,再导入 Photoshop 中,添加一种或几种颜色,灌木用同样的方法。

(5)色彩关系。在效果图中,其实最重要的就是色彩关系,无论是总平面图,还是透视图,如果色彩关系不好,其他都是空谈,色彩关系的把握还需要一定的色彩搭配及审美能力。

项目 13

产品设计

13.1 产品造型设计平面制作

本项目内容从产品表现的常用材质角度，结合"榨汁机"实例，从设计草图绘制、产品外形描绘、产品不同材质效果表现、投影效果表现，最终对产品的平面效果制作进行讲解，并增加了一般情况下产品提案时，设计展板的制作讲解，内容适用于工业设计、产品设计等相关专业。

13.1.1 设计草图表现

（1）对产品造型进行设计，利用手绘进行表现，如图 13-1 所示，使用线笔勾勒出产品的基本造型，线形要清晰可见。

（2）使用马克笔、彩铅等手绘工具，在产品线形的基础上，对产品进行简单的上色处理，如图 13-2 所示，尽可能表现出光影效果。

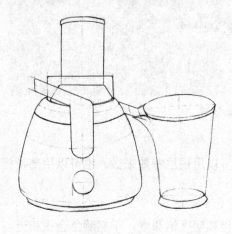

图 13-1 线稿

图 13-2 上色稿

13.1.2 产品外形描绘

（1）新建一个 A4 大小、分辨率为 300 像素/英寸的文档，设置背景内容为"白色"、颜色模式为"RGB 颜色"，文件命名为"榨汁机"，如图 13-3 和图 13-4 所示。

（2）执行"图像→图像旋转→顺时针 90 度"命令，将文档进行横向放置，如图 13-5 和图 13-6 所示。

（3）执行"文件→打开"命令，将设计草图在 Photoshop CC 软件中打开，并将"草图"拖入"榨汁机"文件中，如图 13-7 所示。

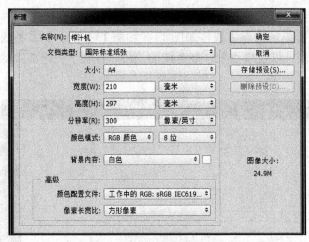 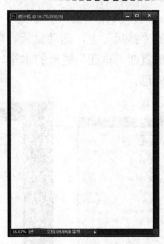

图 13-3 "新建"对话框　　　　　图 13-4 新建的文档

图 13-5 "图像旋转"级联菜单　　　图 13-6 旋转后的效果

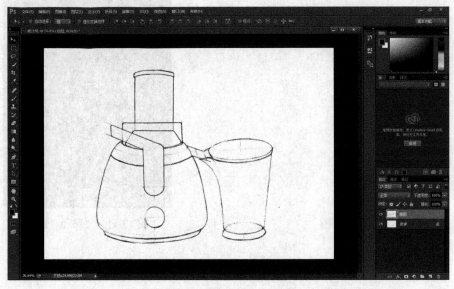

图 13-7 草图拖入文件中

（4）执行"窗口→标尺"命令，将"标尺"显示在软件中，将鼠标分别停留于横向和纵向的"标尺"上，拖动鼠标，创建横向与纵向的参考线，如图13-8和图13-9所示。参考线主要放置在"草图"线形的水平、竖直方向，以及端点处，参考线的使用，有利于快速高效地描绘外形。

图13-8　"窗口"菜单

图13-9　创建参考线

（5）利用钢笔工具和路径直接选择工具，分别进行描绘和编辑产品外形，如图13-10所示。在"路径"面板中，双击工作路径，将路径重命名为"榨汁机"，从而保存路径，如图13-11所示。

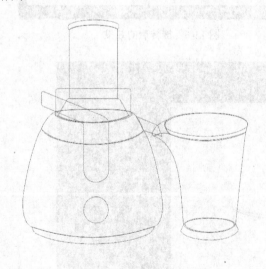

图13-10　创建路径

图13-11　"路径"面板

13.1.3　高光表现区域绘制

（1）结合手绘的产品效果图，利用钢笔工具和路径直接选择工具，分别进行描绘和编辑产品的高光区域，以及细节部分，如图13-12所示。

（2）创建时，仍然在路径"榨汁机"中，如图13-13所示。

图13-12 产品路径

图13-13 "榨汁机"路径

13.2 产品材质效果表现

产品的最终效果表现如图13-14所示。结合产品的不同材质、不同部位、各部分相互之间的遮挡，对图层进行分组，如图13-15所示。分组过程中要特别注意图层的顺序，以免造成图层的遮挡。本节内容按照产品不同的材质效果表现，结合产品的不同部位，逐一对不同材质效果的表现进行讲解。

图13-14 完成后的效果

图13-15 完成后图层面板

13.2.1 金属质感表现

本节针对产品表现中金属效果的制作，分别利用不同的方法对榨汁机机口、提手、主体、壶嘴进行制作。通过本节的学习，可以了解到高斯模糊、橡皮擦工具、加深减淡工具、渐变工具等在金属效果制作中的作用。

1. 机口——金属效果表现

（1）在"路径"面板中，使用"直接选择工具" ，选择机口所在路径，如图13-16所示。然后单击"路径"面板下方的"将路径载入选区" 按钮，如图13-17所示，将机口外形路径转换为可编辑的选区。

图13-16 机口所在路径

图13-17 "将路径载入选区"按钮

（2）新建一个图层，选择"渐变工具" ，在其属性栏中设置渐变类型为"角度渐变" ，如图13-18所示。打开渐变编辑器，设置渐变颜色如图13-19所示，然后按Ctrl+D组合键取消选区。

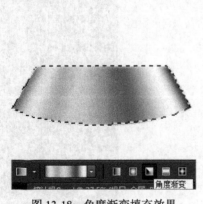

图13-18 角度渐变填充效果

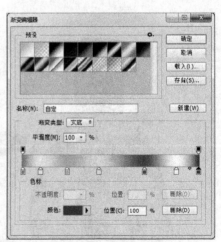

图13-19 渐变编辑器

（3）单击"铅笔工具" ，在其"属性"面板中设置铅笔的大小为"4像素"，硬度为"100%"，如图13-20所示。

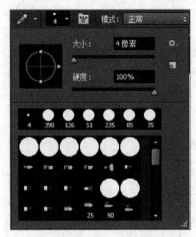

图 13-20　铅笔笔触设置

（4）在"路径"面板中，使用"直接选择工具"，选择机口美工线所在路径。新建一个图层，单击绘图区域内，右击，在弹出的快捷菜单中选择"描边子路径"命令，如图 13-21 和图 13-22 所示。

图 13-21　选择机口美工线路径

图 13-22　"描边子路径"快捷菜单

（5）弹出"描边子路径"对话框，单击"确定"按钮，将机口美工线路径进行深灰色描边。

图 13-23　"描边子路径"对话框

2．提手——金属效果制作

（1）在"路径"面板中，使用"直接选择工具"，选择提手所在路径。新建一个图层，然后单击绘图区域内，右击，在弹出的快捷菜单中选择"填充子路径"命令，如图 13-24 所示，将提手外形路径填充深灰色。

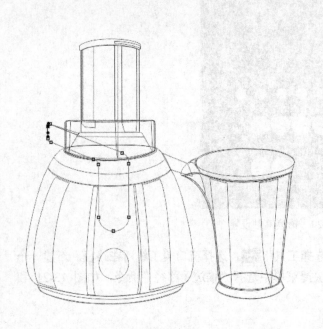

(a) 选择提手路径　　　　　　　　　　　　(b) "填充子路径"快捷菜单

图 13-24　选择提手路径及"填充子路径"快捷菜单

(2) 使用"橡皮擦工具" ，将硬度调整为"0%"，适当的调整橡皮擦的大小，对填充的提手进行局部擦除，效果如图 13-25 所示。

(3) 双击提手所在的图层，出现"图层样式"对话框，对提手所在图层应用"斜面和浮雕"图层样式，应用图层样式后提手效果如图 13-26 所示，设置参数如图 13-27 所示。

图 13-25　使用橡皮擦擦除后的效果　　　　图 13-26　使用斜面和浮雕后效果

(4) 在"图层样式"对话框中对提手所在图层进行"投影"图层样式参数的设置，设置参数如图 13-28 所示。

(5) 在"路径"面板中，使用"直接选择工具" ，选择提手里侧所在路径。新建一个图层，然后单击绘图区域内，右击，在弹出的快捷菜单中选择"填充子路径"命令，如图 13-29 所示，将提手里侧路径填充深灰色。

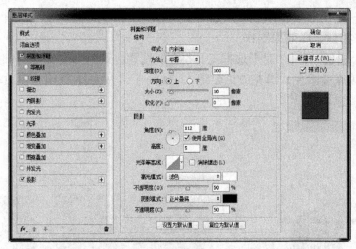

图 13-27　"斜面和浮雕"图层样式参数的设置

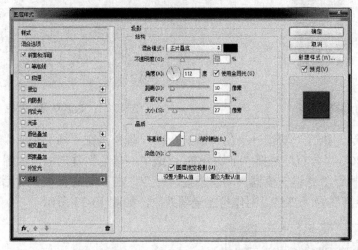

图 13-28　"投影"图层样式参数的设置

（a）选择提手里侧路径　　　　　　　　　　　　（b）"填充子路径"快捷菜单

图 13-29　选择提手里侧路径及"填充子路径"快捷菜单

(6)提手——金属效果制作完成，如图 3-30 所示。
3. 主体——拉丝金属效果制作
（1）新建一个图层，单击"矩形选框工具"，设置前景色为浅灰色，同时按住 Alt+Delete 组合键，对选区填充前景色，填充效果如图 13-31 所示，按 Ctrl+D 组合键取消选区。

图 13-30　金属提手效果　　　　　　　　　图 13-31　选区填充浅灰色

（2）选择图层，执行"滤镜→杂色→添加杂色"命令，在"添加杂色"对话框中，设置"数量"为"100%"，"分布"选择"平均分布"，选中"单色"复选框，如图 13-32 所示。

（3）对图层执行"滤镜→模糊→动感模糊"命令，在"动感模糊"对话框中，设置"角度"为"0"、"距离"为"235"，制作拉丝金属效果，如图 13-33 所示。

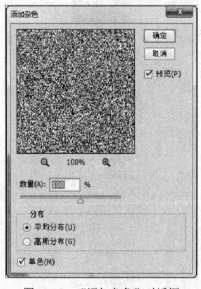

图 13-32　"添加杂色"对话框　　　　　　　图 13-33　"动感模糊"对话框

（4）对图层执行"编辑→自由变换"命令，在"自由变换"面板中，单击"在自由变换和变形模式之间切换"按钮，对控制杆进行调节，如图 13-34 所示。

（5）在"路径"面板中，使用"直接选择工具" ，选择主体所在路径，然后单击"路径"面板下方的"将路径载入选区" 按钮，如图13-35所示，将主体外形路径转换为可编辑的选区。

（6）在图层中，对主体外形选区执行"选择→反选"命令，按Delete键，删除多余选区，如图13-36所示。

（7）在"路径"面板中，使用"直接选择工具" ，选择主体上高光所在路径。新建一个图层，然后单击绘图区域内，右击，在弹出的快捷菜单中选择"填充子路径"命令，如图13-37所示，将主体上高光路径填充白色。

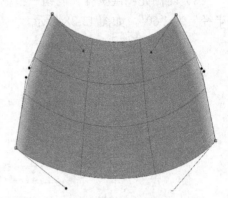

图13-34　自由变形

图13-35　主体外形路径转换为选区

图13-36　删除多余部分

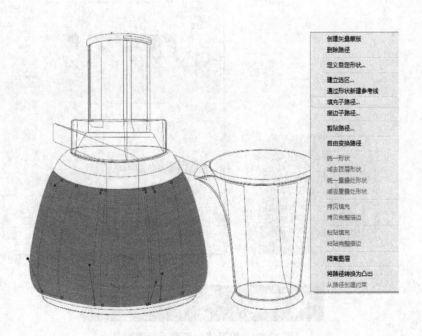

图13-37　选择主体高光所在路径

（8）对高光图层执行"滤镜→模糊→高斯模糊"命令，在"高斯模糊"对话框中，设置"半径"为"60"，如图 13-38 所示。

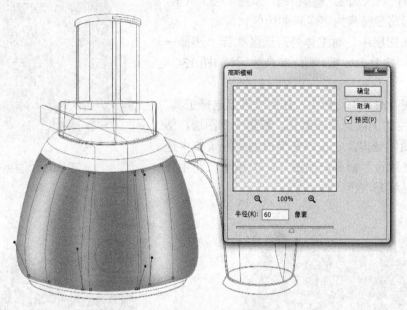

图 13-38　"高斯模糊"对话框

（9）在"路径"面板中，使用"直接选择工具" ，选择主体所在路径，然后单击"路径"面板下方的"将路径载入选区" 按钮，将主体外形路径转换为可编辑的选区。新建一个图层，选择"渐变工具" ，在其属性栏中设置渐变类型为"线性渐变" ，打开渐变编辑器，设置渐变颜色，如图 13-39 所示。

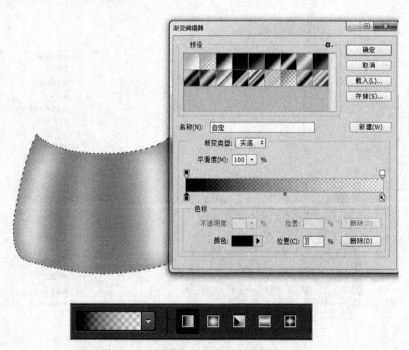

图 13-39　设置线性渐变及渐变颜色

（10）对选区两侧进行渐变填充，然后按 Ctrl+D 组合键取消选区，主体部分最后效果如图 13-40 所示。

图 13-40　主体部分最后效果

4．壶嘴——金属效果制作

（1）在"路径"面板中，使用"直接选择工具"，选择壶嘴所在路径，然后单击"路径"面板下方的"将路径载入选区"按钮，将壶嘴外形路径转换为可编辑的选区。

（2）新建一个图层，选择"渐变工具"，在其属性栏中设置渐变类型为"线性渐变"，打开渐变编辑器，设置渐变颜色，对选区进行渐变填充，然后按 Ctrl+D 组合键取消选区，如图 13-41 和图 13-42 所示。

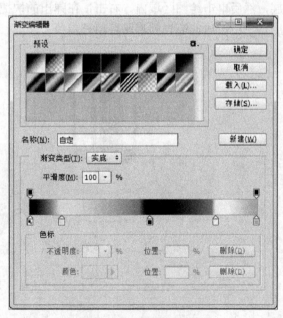

图 13-41　壶嘴填充效果　　　　　　图 13-42　渐变颜色设置

13.2.2　不透明塑料质感表现

1．按压筒——塑料效果制作

（1）在"路径"面板中，使用"直接选择工具"，选择按压筒所在路径。新建一个图层，然后单击绘图区域内，右击，在弹出的快捷菜单中选择"填充子路径"命令，如图 13-43

所示,将按压筒外形路径填充黑色。

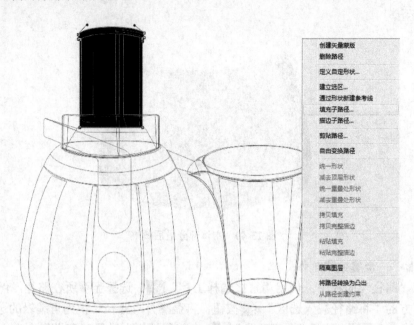

图 13-43 按压筒外形路径填充黑色

(2)在"路径"面板中,使用直接选择工具 ,选择按压筒高光所在路径。新建一个图层,然后单击绘图区域内,右击,在弹出的快捷菜单中选择"填充子路径"命令,如图 13-44 所示,将按压筒高光外形路径填充白色。

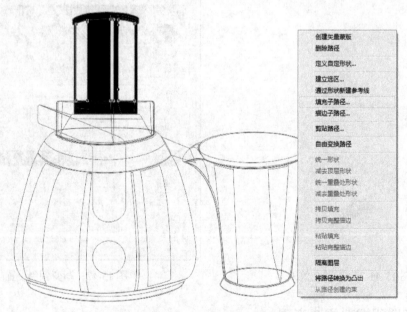

图 13-44 按压筒高光路径填充白色

(3)对高光图层执行"滤镜→模糊→高斯模糊"命令,在"高斯模糊"对话框中,设置半径为"25",如图 13-45 所示。

产品设计　项目 13

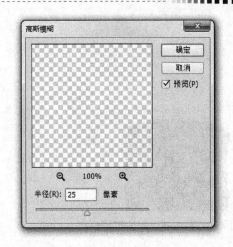

（a）应用"高斯模糊"滤镜后的效果　　　（b）"高斯模糊"对话框

图 3-45　"高斯模糊"滤镜

（4）对高光图层的不透明度设置为"60%"，如图 13-46 所示，效果如图 13-47 所示。

图 13-46　图层不透明度设置　　　　　　图 13-47　按压筒效果

（5）在"路径"面板中，使用"直接选择工具" ，选择按压筒顶端高光所在路径。新建一个图层，然后单击绘图区域内，右击，在弹出的快捷菜单中选择"填充子路径"命令，如图 13-48 所示，将按压筒顶端高光外形路径填充白色。对高光图层执行"滤镜→模糊→高斯模糊"命令，效果如图 13-49 所示。

图 13-48　选择按压筒顶端高光所在路径　　　图 13-49　按压筒顶端加入高光效果

（6）在"路径"面板中，使用"直接选择工具" ，选择按压筒中间的衔接路径，如图 13-50 所示。新建一个图层，然后单击绘图区域内，右击，在弹出的快捷菜单中选择"描边子路径"命令，将按压筒高光外形路径描边白色，对衔接图层执行"滤镜→模糊→高斯模糊"命令，效果如图 13-51 所示。

235

图 13-50　选择按压筒中间的衔接路径　　　　　图 13-51　按压筒中间的衔接加入高光效果

2. 环罩——塑料效果制作

（1）在"路径"面板中，使用"直接选择工具" ，选择环罩外形路径。新建一个图层，然后单击绘图区域内，右击，在弹出的快捷菜单中选择"填充子路径"命令，如图 13-52 所示，将按压环罩外形路径填充黑色。

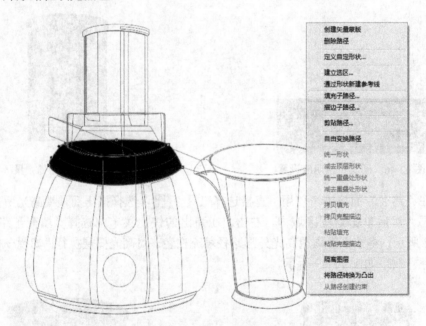

图 13-52　选择环罩外形路径并填充黑色

（2）在"路径"面板中，使用直接选择工具 ，选择环罩上部的椭圆路径。新建一个图层，单击绘图区域内，右击，在弹出的快捷菜单中选择"填充子路径"命令，如图 13-53 所示，将环罩上部的椭圆路径填充深灰色。

（3）对环罩上部的"椭圆"图层执行"滤镜→模糊→高斯模糊"命令，在"高斯模糊"对话框中，设置"半径"为"6"，如图 13-54 所示。

（4）新建一个图层，单击"椭圆选框工具" ，绘制圆形，并填充白色，如图 13-55 所示。按 Ctrl+D 组合键取消选区。

（5）对填充的"白色圆形"图层执行"滤镜→模糊→高斯模糊"命令，在"高斯模糊"

对话框中，设置半径为"150"，如图 13-56 所示。

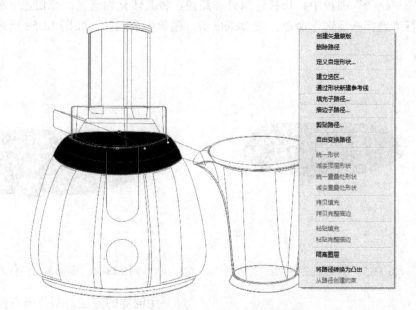

图 13-53 环罩上部的椭圆路径填充深灰色

（a）应用"高斯模糊"滤镜后的效果　　　　（b）"高斯模糊"对话框

图 13-54 对环罩上部椭圆图层执行高斯模糊

　　　　　　　　　　　　　　　　　（a）白色圆形应用滤镜后的效果　　　　（b）"高斯模糊"对话框

图 13-55 圆形选区填充白色　　　　图 13-56 对"白色圆形"图层执行高斯模糊

（6）对图层执行"编辑→自由变换"命令，旋转图层，如图 13-57 所示。

（7）在"路径"面板中，选择环罩外形路径，将其转化为选区。在白色"椭圆"图层中，对选区执行"选择→反选"命令，按 Delete 键，删除多余选区，如图 13-58 所示。

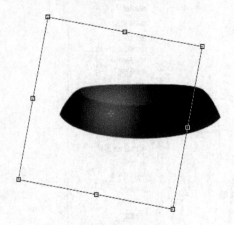

图 13-57 旋转白色区域

图 13-58 删除多余白色后效果

（8）用同样的方法，制作出右侧的高光区域，如图 13-59 所示。

图 13-59 右侧高光效果

（9）在"路径"面板中，使用"直接选择"工具，选择环罩中间的曲线路径。新建一个图层，然后单击绘图区域内，右击，在弹出的快捷菜单中选择"描边子路径"命令，如图 13-60 所示，将环罩中间的曲线路径填充深灰色。再次新建一个图层，将路径填充白色，并将白色填充的路径所在图层进行上移，效果如图 13-61 所示。

图 13-60 选择环罩中间的曲线路径

图 13-61 曲线路径填充深灰色和白色

3. 按钮——塑料效果制作

（1）在"路径"面板中，使用"直接选择工具" ，选择按钮外形路径。新建一个图层，然后单击绘图区域内，右击，在弹出的快捷菜单中选择"填充子路径"命令，如图13-62所示，将按钮外形路径填充黑色。

（2）双击按钮所在的图层，出现"图层样式"对话框，对提手所在图层进行"斜面和浮雕"和"投影"参数的设置，效果如图13-63所示。

图13-62　选择按钮外形路径并填充黑色　　　　图13-63　应用图层样式后的效果

（3）"斜面和浮雕"和"投影"设置参数如图13-64和图13-65所示。

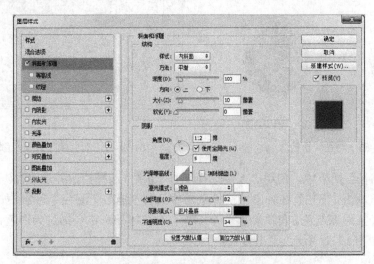

图13-64　"斜面和浮雕"图层样式参数的设置

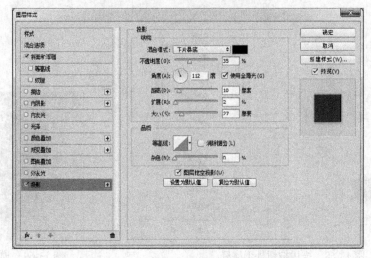

图13-65　"投影"图层样式参数的设置

（4）在"路径"面板中，选择按钮外形路径，将其转换为选区，如图13-66所示。新建一个图层，选择"渐变工具" ，打开渐变编辑器，设置渐变颜色，在渐变工具属性栏中设置渐变类型为"线性渐变" ，对选区进行渐变填充，如图13-67所示。填充渐变，然后按Ctrl+D组合键取消选区。

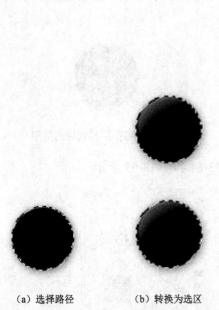

(a) 选择路径　　(b) 转换为选区

图13-66　路径转换选区　　　　　　　　　　图13-67　渐变填充效果及颜色设置

（5）在"路径"面板中，使用"直接选择工具" ，选择按钮外形路径。新建一个图层，然后单击绘图区域内，右击，在弹出的快捷菜单中选择"描边子路径"命令，如图13-68所示，将按钮外形路径描边深灰色。再次新建一个图层，对按钮外形路径描边为白色，并将其略微放大。按钮效果如图13-69所示。

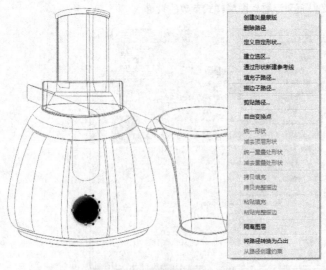

图13-68　描边按钮外形路径　　　　　　　　图13-69　描边后效果

4. 底座——塑料效果制作

（1）在"路径"面板中，使用"直接选择工具" ，选择底座外形路径。新建一个图层，然后单击绘图区域内，右击，在弹出的快捷菜单中选择"填充子路径"命令，如图13-70所示，将底座外形路径填充黑色。

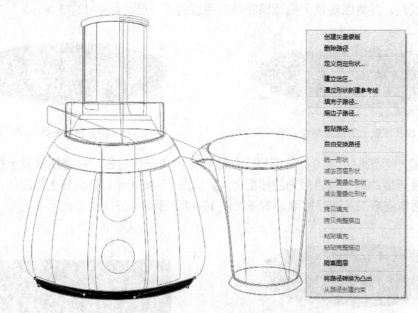

图13-70　选择底座外形路径并填充黑色

（2）在"路径"面板中，使用"直接选择工具" ，选择底座高光外形路径。新建一个图层，然后单击绘图区域内，右击，在弹出的快捷菜单中选择"填充子路径"命令，如图13-71所示，将底座高光外形路径填充白色。

图13-71　用白色填充底座高光外形路径

（3）选择"橡皮擦工具" ，将橡皮擦工具的不透明度设置为"30%"，流量设置为"30%"，笔触大小设置为"126像素"，硬度设置为"0%"，如图13-72和图13-73所示。

图13-72　"橡皮擦"属性设置

图13-73　"橡皮擦"笔触设置

5. 杯盖——塑料效果制作

（1）在"路径"面板中，使用"直接选择工具" ，选择杯盖上部椭圆路径。新建一个图层，然后单击绘图区域内，右击，在弹出的快捷菜单中选择"填充子路径"命令，如图 13-74 所示，将杯盖上部椭圆路径填充黑色。再次新建一个图层，利用同样的方法，将带有杯盖厚度的路径填充黑色，并将图层置于椭圆路径填充图层的下一层，如图 13-75 所示。

图 13-74　选择杯盖上部椭圆路径并填充黑色

图 13-75　杯盖厚度的路径填充黑色

（2）新建一个图层，对带有杯盖厚度的路径再次填充为白色，并将图层置于椭圆路径填充图层和杯盖厚度的路径黑色填充的图层之间，如图 13-76 所示，修改白色图层的不透明度为"60%"，使用橡皮擦工具进行擦除，效果如图 13-77 所示。

图 13-76　杯盖厚度部分高光处理

图 13-77　图层不透明度设置

（3）选择杯盖上部椭圆路径，将其转化为选区。新建一个图层，然后选择渐变工具 ，进行白色到透明色的线性渐变填充，效果如图 13-78 所示。

图 13-78　杯盖上部填充白色到透明色的线性渐变效果

6. 杯底——塑料效果制作

（1）选择杯底外形路径，新建一个图层，填充路径为黑色，如图 13-79 所示。在"路径"面板中，将底座高光外形路径转化为选区。新建一个图层，将底座高光外形路径填充白色，使用橡皮擦工具进行擦除，效果如图 13-80 所示。

图 13-79　杯底外形路径填充为黑色

图 13-80　杯底外形加入高光

（2）将高光图层的不透明度设置为"40%"，如图 13-81 所示，杯底效果如图 13-82 所示。

图 13-81　图层不透明度设置为"40%"

图 13-82　杯底效果

13.2.3　透明塑料质感表现

1. 盖罩——透明塑料效果制作

（1）在"路径"面板中，选择盖罩两侧外形路径，将其转换为选区。新建一个图层，将盖罩两侧外形选区填充浅灰色，如图 13-83 所示。

（2）选择盖罩两侧高光外形路径，新建一个图层，将盖罩两侧高光外形路径填充深灰色，对图层执行"滤镜→模糊→高斯模糊"命令，效果如图 13-84 所示。

图 13-83　选择盖罩两侧外形路径并填充浅灰色

图 13-84　盖罩两侧高光外形路径填充深灰色

（3）选择盖罩顶部高光外形路径，新建一个图层，将盖罩顶部高光外形路径填充白色，对高光图层进行不透明度参数的设置，如图 13-85 所示。

（4）选择盖罩底部反光外形路径，新建一个图层，将盖罩底部反光外形路径填充浅灰色，对图层执行"滤镜→模糊→高斯模糊"命令，如图 13-86 所示。

图 13-85　将盖罩顶部高光外形路径填充白色

图 13-86　选择盖罩底部反光外形路径填充浅灰色

（5）选择盖罩内部高光外形路径，新建一个图层，将盖罩内部高光外形路径填充浅灰色，如图 13-87 所示。将高光图层不透明度设置为"30%"，如图 13-88 所示。

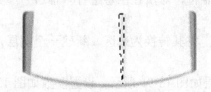

图 13-87　将盖罩内部高光外形路径填充浅灰色

图 13-88　图层不透明度设置为"30%"

（6）在"路径"面板中，使用"直接选择工具" ，选择盖罩外形路径。新建一个图层，然后单击绘图区域内，右击，在弹出的快捷菜单中选择"描边子路径"命令，如图13-89所示，将盖罩外形路径进行浅灰色描边，盖罩最终效果如图13-90所示。

图13-89　选择盖罩外形路径并描边子路径

图13-90　盖罩最终效果

2．杯子——透明塑料效果制作

（1）在"路径"面板中，选择杯子外形路径，将其转换为选区。新建一个图层，将杯子外形选区填充浅灰色，如图13-91所示，并将图层不透明度更改为"38%"，如图13-92所示。

图13-91　杯子外形路径转换为选区

图13-92　更改图层不透明度

（2）双击杯子所在的图层，出现"图层样式"对话框，对所在图层进行"描边"参数的设置，设置参数如图13-93所示。

（3）在"路径"面板中，选择杯子高光外形路径，将其转换为选区。新建一个图层，将杯子高光外形选区填充白色，如图13-94所示。

（4）对杯子白色高光图层进行高斯模糊处理，效果如图13-95所示，设置参数如图13-96所示。

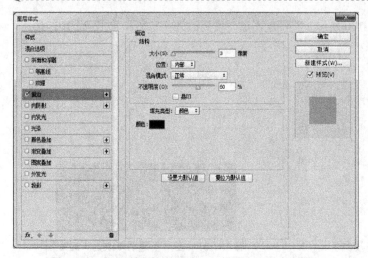

图 13-93　杯子所在的图层进行"描边"参数的设置　　　图 13-94　杯子高光外形选区填充白色

图 13-95　使用"高斯模糊"滤镜后的效果　　　图 13-96　"高斯模糊"参数的设置

（5）在"路径"面板中，选择杯子底部反光外形路径，将其转换为选区。新建一个图层，将杯子外形选区填充白色，使用橡皮擦工具 进行擦除，效果如图 13-97 所示。

（6）在"路径"面板中，选择杯子两边反光外形路径，将其转换为选区，效果如图 13-98 所示。新建一个图层，将杯子外形选区填充深灰色，对图层进行高斯模糊，如图 13-99 所示。

图 13-97　杯子底部反光区域效果

图 13-98　杯子外形路径转换为选区　　　图 13-99　应用"高斯模糊"滤镜后的效果

（7）在"路径"面板中，选择杯子的杯嘴部分路径，将其转换为选区，新建一个图层，将杯子杯嘴部分选区填充浅灰色,如图 13-100 所示。将图层不透明度更改为"32%",如图 13-101 所示。

图 13-100　杯子的杯嘴选区填充浅灰色　　　　图 13-101　图层不透明度改为"32%"

(8) 新建一个图层,在"路径"面板中,选择杯子的杯嘴顶部路径,将其转换为选区,填充浅灰色,如图 3-102 所示。新建一个图层,将杯子杯嘴顶部高光选区填充白色,如图 13-103 所示。

图 13-102　杯子的杯嘴顶部填充浅灰色　　　　图 13-103　杯子杯嘴顶部高光效果

13.2.4　投影效果表现

(1) 关闭背景图层和草绘图层前的显示/隐藏按钮 ,同时按住 Ctrl+Shift+Alt+E 组合键,对绘制完成的所有图层进行盖印处理,创建产品效果图的合并图层,如图 13-104 所示。

(2) 对盖印图层执行"编辑→自由变换"命令并右击,在弹出的快捷菜单中选择"垂直翻转"命令,如图 13-105 所示。按 Enter 键退出自由变换的编辑,向下移动盖印图层,并将此图层置于产品效果图其他图层的底部,如图 13-106 所示。

(3) 执行"图像→调整→色相/饱和度"命令,将明度设置为"-100",其他的参数设置如图 13-107 所示。处理后效果如图 13-108 所示。

(4) 对图层进行高斯模糊处理,执行"滤镜→模糊→高斯模糊"命令,打开"高斯模糊"对话框,设置参数如图 13-109 所示。将图层不透明度设置为"50%",如图 13-110 所示。

图 13-104　盖印产品合并图层顺序

图 13-105　自由变换及快捷菜单

图 13-106　盖印图层位置移动

图 13-107　色相/饱和度参数的设置

图 13-108　色相/饱和度处理后的效果

图 13-109　"高斯模糊"对话框

图 13-110　图层位置及不透明度的设置

（5）最终效果，如图 13-111 所示。

图 13-111　最终效果

13.3　提案展板设计制作

13.3.1　展板版式设计

产品展板的版式设计中，不仅是对产品的展示，也是对版式平面效果的制作，在展板制作过程中主要注意以下几点。

（1）展板背景色彩不宜过于复杂，可用简单的色块进行装饰，从而起到较强的视觉冲击力，如图 13-112 所示。

（2）展板中展示的内容可以根据突出的重点不同，做出一定的取舍，但一般情况下包括产品名称、产品主效果图、产品副效果图、设计说明、工程图、细节图、结构图、爆炸图、配色方案、使用方式等内容，如图 13-113 所示。

图 13-112　展板背景

图 13-113　展板中展示内容

(3)主效果图展示要突出,一般占用面积为版面的 1/3～1/2,且置于醒目位置。

(4)版面中,使用的字体种类不宜过多,字体排列方式尽量统一。

13.3.2 产品辅助表现

对产品的辅助表现,可以增加设计的灵活性,如增加场景的使用、添加产品的商标等,使产品表现更具真实性,一般借助素材贴图来实现,如图 13-114 所示。

图 13-114 产品的辅助表现

附录 A

Photoshop CC 常用快捷键

1. 工具箱

工 具 名 称	快 捷 键
移动工具	【V】
矩形选框工具、椭圆选框工具	【M】
套索、多边形套索、磁性套索	【L】
快速选择工具、魔棒工具	【W】
裁剪、透视裁剪、切片、切片选择工具	【C】
吸管、颜色取样器、标尺、注释、123 计数工具	【I】
污点修复画笔、修复画笔、修补、内容感知移动、红眼工具	【J】
画笔、铅笔、颜色替换、混合器画笔工具	【B】
仿制图章、图案图章工具	【S】
历史记录画笔工具、历史记录艺术画笔工具	【Y】
橡皮擦、背景橡皮擦、魔术橡皮擦工具	【E】
渐变、油漆桶工具	【G】
减淡、加深、海绵工具	【O】
钢笔、自由钢笔、添加锚点、删除锚点、转换点工具	【P】
横排文字、直排文字、横排文字蒙版、竖排文字蒙版	【T】
路径选择、直接选择工具	【A】
矩形、圆角矩形、椭圆、多边形、直线、自定义形状工具	【U】
抓手工具	【H】
旋转视图工具	【R】
缩放工具	【Z】
添加锚点工具	【+】
删除锚点工具	【-】
默认前景色和背景色	【D】
切换前景色和背景色	【X】
切换标准模式和快速蒙版模式	【Q】
标准屏幕模式、带有菜单栏的全屏模式、全屏模式	【F】
临时使用移动工具	【Ctrl】
临时使用吸色工具	【Alt】
临时使用抓手工具	【空格】
打开工具选项面板	【Enter】
快速输入工具选项（当前工具选项面板中至少有一个可调节数字）	【0】至【9】
循环选择画笔	【[】或【]】
选择第一个画笔	【Shift+[】
选择最后一个画笔	【Shift+]】
建立新渐变(在"渐变编辑器"中)	【Ctrl+N】

2. 文件操作

工 具 名 称	快 捷 键
新建图形文件	【Ctrl+N】
用默认设置创建新文件	【Ctrl+Alt+N】
打开已有的图像	【Ctrl+O】
打开为…	【Ctrl+Alt+O】
关闭当前图像	【Ctrl+W】
保存当前图像	【Ctrl+S】
另存为…	【Ctrl+Shift+S】
存储为 Web 所用格式	【Ctrl+Alt+Shift+S】
页面设置	【Ctrl+Shift+P】
打印	【Ctrl+P】
打开"预置"对话框	【Ctrl+K】

3. 选择功能

工 具 名 称	快 捷 键
全部选取	【Ctrl+A】
取消选择	【Ctrl+D】
重新选择	【Ctrl+Shift+D】
羽化选择	【Shift+F6】
反向选择	【Ctrl+Shift+I】
路径变选区	数字键盘的【Enter】
载入选区	【Ctrl】+单击图层、路径、通道面板中的缩略图滤镜
按上次的参数再做一次上次的滤镜	【Ctrl+F】
取消上次所做滤镜的效果	【Ctrl+Shift+F】
重复上次所做的滤镜(可调参数)	【Ctrl+Alt+F】

4. 图像调整

工 具 名 称	快 捷 键
调整色阶	【Ctrl+L】
自动调整色阶	【Ctrl+Shift+L】
打开曲线调整对话框	【Ctrl+M】
打开"色彩平衡"对话框	【Ctrl+B】
打开"色相/饱和度"对话框	【Ctrl+U】
去色	【Ctrl+Shift+U】
反相	【Ctrl+I】

5. 编辑操作

工 具 名 称	快 捷 键
还原/重做前一步操作	【Ctrl+Z】
还原两步以上操作	【Ctrl+Alt+Z】
重做两步以上操作	【Ctrl+Shift+Z】
剪切选取的图像或路径	【Ctrl+X】或【F2】
拷贝选取的图像或路径	【Ctrl+C】
合并拷贝	【Ctrl+Shift+C】

续表

工 具 名 称	快 捷 键
将剪贴板的内容粘贴到当前图形中	【Ctrl+V】或【F4】
将剪贴板的内容粘贴到选框中	【Ctrl+Shift+V】
自由变换	【Ctrl+T】
应用自由变换(在自由变换模式下)	【Enter】
从中心或对称点开始变换 (在自由变换模式下)	【Alt】
限制(在自由变换模式下)	【Shift】
扭曲(在自由变换模式下)	【Ctrl】
取消变形(在自由变换模式下)	【Esc】
自由变换复制的像素数据	【Ctrl+Shift+T】
再次变换复制的像素数据并建立一个副本	【Ctrl+Shift+Alt+T】
删除选框中的图案或选取的路径	【Del】
用背景色填充所选区域或整个图层	【Ctrl+BackSpace】或【Ctrl+Del】
用前景色填充所选区域或整个图层	【Alt+BackSpace】或【Alt+Del】
弹出"填充"对话框	【Shift+BackSpace】
从历史记录中填充	【Alt+Ctrl+Backspace】

6. 图层操作

工 具 名 称	快 捷 键
从对话框新建一个图层	【Ctrl+Shift+N】
通过拷贝建立一个图层	【Ctrl+J】
通过剪切建立一个图层	【Ctrl+Shift+J】
与前一图层编组	【Ctrl+G】
取消编组	【Ctrl+Shift+G】
向下合并或合并连接图层	【Ctrl+E】
合并可见图层	【Ctrl+Shift+E】
盖印可见图层	【Ctrl+Alt+Shift+E】
将当前图层下移一层	【Ctrl+[】
将当前图层上移一层	【Ctrl+]】
将当前图层移到最下面	【Ctrl+Shift+[】
将当前图层移到最上面	【Ctrl+Shift+]】

附录 B

常用的学习网站

1. http://www.68ps.com.
2. http://www.ps-xxw.cn.
3. http://www.52psxt.com.
4. http://pcedu.pconline.com.cn/sj/pm/Photoshop.
5. http://www.it.com.cn/edu/artdesign/Photoshop.
6. http://www.21hulian.com.
7. http://www.psahz.com.
8. http://www.86ps.com.
9. http://www.52design.com.
10. http://sc.52design.com/?52design.
11. http://www.blueidea.com.
12. http://www.5d.cn.
13. http://www.arting365.com.
14. http://www.chinaui.com.
15. http://www.oado.com.
16. http://www.a.com.cn.
17. http://www.okvi.com.
18. http://www.artcn.cn.
19. http://www.68design.net.
20. http://art.yesky.com/.
21. http://www.uitimes.com.
22. http://www.chinavisual.com/.
23. http://www.chinavfx.net/home/index.php.

参 考 文 献

[1] Steve Caplin. Photoshop CC 技法精粹. 北京：清华大学出版社，2015.
[2] 袁玉萍. Photoshop CC 白金手册. 北京：人民邮电出版社，2015.
[3] 张丕军. Photoshop CS6 界面设计. 北京：海洋出版社，2014.
[4] 李涛. Photoshop CS5 中文版案例教程. 北京：高等教育出版社，2012.
[5] 谢馥谦. Photoshop CS6 中文版图像秘密基地. 北京：人民邮电出版社，2002.